VI 陰蒂吸啜器

吹簫達人

早洩破事兒

SEX PARTNER

性教育

BDSM

自慰探索

宅男與娃娃

血色誘惑

約炮速食

迷姦水實錄

遙控震蛋

陰蒂吸啜器

禁室培欲

決戰AV棒

前男友的秘密

90後

我在情趣用

所見

目　錄

CHAPTER 3 性事奇聞

CHAPTER 4 談情說性

「情趣用品唔係正經行業嚟㗎，你女仔人家唔好做埋咁嘅工喇！」

「你做埋咁嘅工，畀人知道唔會覺得羞恥㗎咩？！」

「哇，你做sex toy唔怕畀屋企人知道咩？咁核突嘅嘢點講得出畀人知呀？」

當初向身邊朋友談及有意入行sex toy，聽得最多莫過於是以上「出於好意」的勸導說話，離不開都是大家打從心底裡，都認為情趣用品店是一份不正經的工種、龍蛇混雜的地方，並建議我搵一份「正經」的Sales去做。但好奇心旺盛如我，並沒有因為大家一面倒的負面評價而退縮，最後仍是一股熱血、毅然決定去見工。

當時的我，並沒想過這個決定會至此改變了我的一生。

入行後發現，原來賣情趣用品除了是一份既新奇又好玩的工種以外，更可以從中窺探不同人的性生活、內心的小秘密、各種性偏好，對於性亦有更深層的瞭解以及認知。每一天的工作時間，透過與不同人的交談，亦可從他

們身上學到男女相處之道，從解答客人的疑難雜症當中更可以獲得極大滿足感，千金難換。

這證明當初的決定，是正確的。

書中的那些文章，除了想和大家分享生活上遇到的形形色色趣事以外，更似是一本成長日記去記載住當中的樂與哀。最後，希望你們都願意花一些時間，去見證我的成長！

衷心希望分享的故事，會令大家對性瞭解更多一點，可以保持開放性的思維接納與自己不同的事物，以及對性愛保持著健康正面的態度。

「性是享受，更是一段關係當中的升華。」

性愛兩字之間，同時並存著善與惡。我們可以選擇存善念，但卻不能忽視它的惡。

CHAPTER 1

客人秘密

白髮老人

「咳咳⋯⋯請問，有⋯⋯自慰⋯⋯杯⋯⋯賣嗎？」

我抬頭一望，眼前是一位約六十歲白髮蒼蒼、手扶拐杖的伯伯，面帶笑意但亦難掩臉上尷尬。

「你好，早晨呀！歡迎進來看看！請問想找女優、動漫，抑或是電動飛機杯款式？預算大約是多少？可以介紹給你！」我試圖用比較輕鬆的語氣再加上「四萬咁口」的笑容，希望儘量可以令伯伯感到放鬆一點。

「呼⋯⋯」伯伯鬆了口氣，緩緩道：「阿妹，其實我是從朋友口中打聽，市面上有推出自慰杯⋯⋯我和太太已經一段時間沒有⋯⋯了。聽說自慰杯真實感較高，而且相比起手還要更舒服一點，所以才上來看看！但進來見到你這麼年輕實在嚇了一大跳！這種行業⋯⋯我以為都會是和我年紀相仿的大叔吧哈哈！你也太年輕了吧⋯⋯你對產品的認識也大概很有限吧？」我望向伯伯，笑道：「人不可貌相呀伯伯，我對產品的瞭解可能比大叔們都還要多呢呵呵！」

雖然知道伯伯並無惡意，但其實和伯伯一樣有如此想法的客人又豈止一個半個呢？不少人的思想仍活在封建守舊的框架當中，覺得性用品行業應該由男性主導，亦認為市場上的需求男士會佔一大半部分；女性仍處於被

動角色，更有部分人認為女士的性需求並不及男士這般多，當女性購買性玩具時會被視為「唔見得人」、「羞家」。相對地在銷售上，亦會覺得「男人老狗我識得多過你」、「咁多年人有咩未見過要你個靚妹仔教我？！」等等，以上言論亦見怪不怪。

其實，性或者和讀書一樣原理，同樣是學海無涯。隨著時代變遷，產品亦因應市場上的不同需求以及新興潮流去作出新的改革，俗語說：「一日唔死都有排你學呀！」

透過與伯伯的閒談，瞭解到他和太太已接近五年沒有任何性行為，而他亦被朋友慫恿去找一樓一「尋歡」，但伯伯仍堅持即使買飛機杯、用手，都不會考慮別處尋歡。

當我問到伯伯是什麼令他如此堅持？

他嘆道：「唉……我都不是什麼十八廿二了，有心無力喇哈哈哈！雖然我太太既『巴渣』又『惡死』，但我曾經向她承諾過在我往後的人生裡，她都會是我的唯一……我們至今也已經相伴多年了，這個戒條恐怕在我有生之年亦都不能打破了！哈哈哈！」

那一刻，我簡直覺得伯伯背後有光。

即使再有需要，都會為自己的女人去堅守當年的承諾。

這種男人，非常值得敬重。

最後伯伯買了飛機杯，準備走的一瞬間，回頭道：「阿妹，謝謝你。已經有很多年沒有機會和年輕人說話閒聊了，如果我的孫女還在生，大概也和你差不多年紀吧……有機會的話，再來找你聊天吧！」

幾句簡單問候說話，可以溫暖別人的同時，亦能溫暖到自己內心，請不要吝嗇。

宅男與娃娃的愛情故事

「其實我只是想要一個女朋友⋯⋯即使不懂說話也沒關係，我只要一直能陪伴我的『人』。但為什麼對象一定要是『人類』，才算是正常？」眼前男子頹然地問。

他叫Kelvin，是一位買真人娃娃的熟客。

黑色粗框眼鏡，給人感覺十分腼腆的二十來歲「IT仔」。他衣著打扮乾淨整潔，配上整齊的平頭裝⋯⋯

嗯，沒錯，他就是大家口中的——宅男。儘管他亦已習慣別人的眼光以及「宅男」這個標籤，但仍無阻他在愛情道路上的「豐盛人生」：法籍Priscilla、日籍Erika、陀地妹Suki——三位都是於我們店購買的「前女友」，而現任女友，是中法混血兒Alexandra。

儘管他已經是常客，間中我們亦會聊天閒談，但今天察覺到他的情緒異常的低落。再三細問後，他說：「其實你認識我一段時間了，也應該知道我不太擅長溝通，不喜歡與人對視或與陌生人說話。但我的家人不斷逼我出去認識女朋友⋯⋯令我真的感到很大壓力！甚至連最好的朋友也離開了我，因為覺得我是一個變態！其實我只是想要一個女朋友⋯⋯即使不懂說話

也沒關係，我只要一直能陪伴我的「人」。但為什麼對象一定要是「人類」，才是正常？」

在那一刻，我沉默了。

什麼叫正常？什麼叫不正常？我們的世界觀、性格、對事物的認知、錯對觀念，至年幼期開始已會被周遭的人事物潛移默化地影響，包括家人、朋友、同學、社會時事、親身經驗，這些都成為塑造我們的性格特質及喜好的關鍵。若以不傷害他人和自己、不觸犯任何法例為本，是不是大多數人會做的事才稱之為「正常」？當喜歡的事物與普遍人背道而馳，就稱之為「變態」？

在與Kelvin的對話當中我亦瞭解到，使他愛上真人娃娃的真正原因是，只有在與娃娃的相處過程當中，才是讓他感到最舒服自在的時候。他們的世界當中沒有背叛與謊言，沒有傷害，沒有惡意和有色眼光，只有最純粹的愛與陪伴。

當設身處地代入他的處境，感受到旁人的冷言冷語、陌生人的惡意標籤、同事之間的爾虞我詐，我明白了。

我們不一樣，但或許我們都一樣。

女人之苦

「我和男友性交時陰道太乾了⋯⋯怎麼辦？！是我有問題嗎？」

　　Shirley，剛剛踏入20歲的小女生，與初戀男友發展了一年多，但經常被陰道乾澀問題所困擾，經常出現「入唔到」、「好難入」的情況，即使有嘗試在以口水作輔助下順利進入，但很快便因摩擦變乾而開始感受到痛楚，最終仍是選擇放棄，亦令她覺得與男友之間的性生活一直不太圓滿。

　　經過幾番掙扎，最後她鼓起勇氣踏出人生的第一次──情趣用品店。

　　儘管與我已談了將近一小時，但她仍難掩心中緊張以及一臉的尷尬。

　　「別擔心，這並不是你的問題！不論任何年齡的女士亦有機會遇上陰道乾澀的問題，市面上推出各式各樣的潤滑劑可以輕易為你解決這個問題，放心吧！」我答道。

　　「但⋯⋯為什麼我會出現這種情況？我男朋友亦為著此事而經常胡思亂想⋯⋯甚至有一次他直接地問我，是不是根本不想和他發生關係，當時我的心真的很痛、很痛！」Shirley情緒

開始變得激動，可能是壓抑得太久，相比急切的解決方法，她更需要的是一個聆聽者。

　　整頓一下思緒後，Shirley長嘆一口氣：「其實我是真心愛他，也不是不想和他發生關係，但不知道為何每一次我也總是很難濕！現在每次準備發生關係的時候，我都會感到很大壓力。總是在擔心自己會不會太乾，而且我更加害怕看見他失落的樣子……」

　　「我曾經也是和你一樣。」我忍不住打斷了她。

　　「因為分泌偏少的關係，所以我在性交時經常都會面對一樣的問題。以前未踏入這一行，雙方不知道應該如何去解決這個問題，連帶也影響到我們的關係慢慢惡化，次數亦逐漸地減少，因為彼此都感到十分大壓力！當初的這個經歷，也是後來導致我想入行的其中一個原因。」

　　「我原以為只是我的情況比較特殊，從未想過別人也會經歷同樣處境……」

我拍拍她膊頭，笑道：「其實只是小事情！有問題就找解決方法，不要因為覺得害羞、不好意思，就把問題一直放在心中。與伴侶之間遇到任何問題，大家亦需要坦誠相見，有難題便一起解決、共同成長，才會是一段健康的關係。」

　　「最重要的是，真正關心你、愛你的人，永遠不會嫌棄你。」

　　聽後，Shirley彷彿釋然了。

　　「真的很感謝你！下次再來找你啊！」Shirley向我眨眨眼。

　　「好呀，隨時奉陪哈哈！等你！」

　　正當Shirley準備離開時，突然回頭問：「你們公司還請人嗎？」

　　那一刻，我們相視而笑。

成長，有時只在一剎之間。

不滿足的性愛

「我男朋友的size是真的比正常人還要小，至少和我以前遇過的相比是真的很短小……」

「有這麼誇張嗎？究竟是有多短？」

「不只短，還很幼。我猜跟芝士腸差不多吧。」

「Holy shit！」

「像這樣吧。」說罷，她伸出了尾指向我比畫著。

「……」

正所謂「三個女人一個墟」，與三五知己、姊妹閨蜜共處時，一班女生你一言我一語地分享生活瑣事、八卦爆料，像「聽講隔離組的A好像同B曖昧緊喎！」「上星期落Clubbing遇到誰誰誰，然後……」若然湊巧遇上戀愛中的朋友，作為好姊妹的你也應該有被閃光彈閃瞎的感覺吧！在girls' talk話題當中，難免會提及和伴侶的性生活，各種粗幼長短、技術好壞、好評劣評等等。

雖然以往亦有聽過朋友分享不少私生活細節，但令我最最最印象深刻的，是曾經聽過一位客人的分享——

　　記得我初次見她，她一口氣便買了三支假陽具，分別是備有震動功能的仿真陽具、吸盤式假陽具和一枝45cm長的雙頭龍。我有點意外，她大概是我遇到的第一位同時間買幾款的客人，因為多數客人偏好都是循序漸進，一支接一支地換來用吧⋯⋯

　　「送人？不是呀，這些我都是自用的，買多兩支可以隨心情換來用嘛！唉⋯⋯也沒辦法呀！大概這就是天不從人願吧？！」她苦笑說。

　　「怎麼了？」我不解地問道。

　　——於是便有了文章開頭的對話。

「你能理解我吧！我男朋友根本滿足不了我，所以也只好靠自己了呀！」

談話中知道，雖然男友在性方面表現較為遜色，但除此以外大家的三觀很相近，並且生活上也是十分合得來。即使各方面都很相襯、相處很愉快，是人人眼中的「模範情侶」，但他們對彼此的愛與包容，真能夠抹去所有的不滿足嗎？

「這種事，哪有『早知』？雖然我並不會因為這種事而分開，但若然真的是有『早知』我就會先認真想想了。始終你知道人嘛，沒有滿足感又怎能安於現狀，我現在其實也只是見步行步罷了。」但身體性徵是天生的，正所謂「好醜命生成」，又豈能以此作為理由怪罪他人呢？

雖然性的確是在雙方關係中佔很重要的一環，擁有良好品質的性愛亦有助於感情升溫，但每個人的擇偶標準各有不同，對某些人來說這可以是無關緊要的，但亦有些人會將性看得比較重。在這當中沒有什麼對與錯，只有觀點與角度。

以客人的情況作例子，尺寸雖然是不能改變，但氣氛和技術可以搭救呀！

常言道：「東家唔打打西家」，還可以用手、用口去取長補短。

放心，辦法總比困難多！

OL恥Play愛好者

都市人繁忙的生活當中，每日都會迎來各式各樣不同的壓力，可能是源於工作、感情、人際關係種種因素，有時真的會令人喘不過氣來。

遇到壓力時你們會有什麼解決方法和發洩渠道？或許會與三五知己去shopping、傾談心事？或靜靜地聽音樂、寫寫文章、聽著雨聲喝杯咖啡⋯⋯

Karen是在中環上班的典型OL，可能職階是管理層的關係，舉手投足亦都散發著強勢氣場，給予別人一種女強人的感覺。外型上她絕對是符合黃金比例的標準大美女，濃眉大眼、長髮及肩，五官深邃得帶點古典味道，總括而言，令人一見難忘。擔任管理階層的她亦當然「能力越大、責任越大」，而她的解壓方式也是比較「獨特」的。

「除了咖啡以外，DIY更是我每日必須的！」

至四年前開始，她便有個習慣，就是每天趕在開會前偷偷地躲進廁所「DIY」，在廁格裡透過不斷用手按壓陰蒂直至高潮為止。

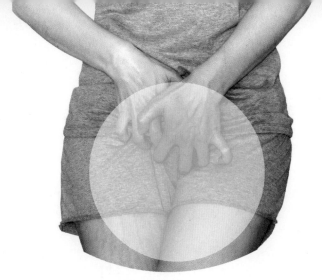

「你不怕發出聲響嗎？即使再少人，但也很難每天都碰巧沒人吧！不會很危險嗎？」我疑惑地問。

「嗯⋯⋯」她想了想，說：「當然是很難避免的，但其實偶爾聽到有人在外面進進出出，我反而會更興奮。畢竟我也算是個恥Play愛好者嘛！這種強烈的羞恥感更能為我帶來快感。」她調皮地吐了吐舌頭。

在這四年的辦公時間裡，她每天亦堅持自慰一次。

過往有段期間，因公司複雜的人事關係令她壓力倍增，每天最少自慰兩、三次。然而這情況大概持續了半年有多，隨著她當上部門主管、有了獨立的辦公室後，情況和尺度也變得更加大了。

「我開始不再滿足於躲在廁所裡，變得更想在公開場所中自慰。特別是在談公事的時候，別人的注視已足以令我濕了一大片⋯⋯真的、真的很刺激！常常幻想別人看到我高潮的樣子，有時在辦公室裡我會故意開著百葉簾，看到別人在外面經過，卻沒人知道我正塞著震蛋，感覺真的太爽了！」她津津樂道。

然而你以為這已經是最極致嗎？錯了，現階段的她手法比從前更上一層樓。

傍晚約5點的下班時分，在這段時間的中環站經常是水洩不通，擠滿趕著去happy hour或是回家的人，情況誇張得像「屍殺列車」般。然而，她便試過在這段時間塞上震蛋搭上列車，將震蛋開到最大，在列車行駛時與路人所產生的碰撞令她倍感興奮。在一波又一波的震動與碰撞下，她在人潮中被強制高潮了。

聽過她的故事後，我也用自己做了個小小的統計，事實上的確有很多人在感到有壓力或精神緊張時，都會透過自慰排解壓力。在外國亦有多個專家研究指出，高潮時身體會釋放出胺多酚，情況和做運動減壓其實有異曲同工之妙。

今天的你，釋放壓力了嗎？

陰道炎血淚史

「點算呀點算呀，我又發炎喇！」Jess崩潰地抱頭大叫。

「叫咗你㗎喇！又要懶又要唔聽話……」我翻著白眼、雙手交叉放胸前，一副沒她那麼好氣的樣子。

「呀呀呀！我錯了我錯了，原諒我好嗎？」她抬著頭誠懇地看我，那楚楚可憐的樣子逗得我不禁發笑。

「得喇，一陣陪你去睇醫生，記得以後唔好懶，每晚都要洗乾淨呀！」

「知喇知喇！」

我和Jess是偶然認識的好朋友，她就在我附近大樓裡工作，當初她便是趁著公司的lunch time跑過來「探險」而與我認識的。她樂觀得就好像世界都是簡單且單純的，和她相處的時光很自然的把所有煩惱都通通給拋諸腦後。她就像個開心果，吸引著身邊的人一起笑、一起犯傻。

讓我們打開話匣子的原因，是聊到她常常陰道發炎的問題，而這個問題也困擾著她多年，並且嚴重影響到她的日常生活。在她單身的時候，陰道炎仍如形隨影般困擾著她，即使在

沒有發生性行為的情況下，亦會毫無原因地復發，令她十分摸不著頭緒。

最近Jess新交了男朋友，但陰道炎在幾次性交後便又開始復發，每次發作後緊接的就是一段冗長的休養期，也讓剛開始踏入熱戀期的她苦無對策，感到徬徨。其實當初我也有給過她一些建議，例如購買洗陰水、吃保健品等等，但對於當時剛復原的她，自然是什麼也聽不入耳喇！

「你記得每晚沖涼都要用洗陰水呀！」我苦口婆心地再三叮嚀。

「知道喇長氣！見過鬼仲唔怕黑咩！」她對我做起了鬼臉。

「係先至好講！」我反眼。

千萬不要諱疾忌醫，別耽誤了病情，錯過最佳治療時機會令病情進一步惡化！

其實陰道炎、尿道炎都是都市女性常見的婦科病，任何年齡層的女士亦有機會感染得到，常見起因與個人衛生習慣、免疫能力有關。雖然兩者都屬於炎症，但其實不盡相同，人們亦經常混淆。所以要分清楚是哪一種炎症，才可對症下藥。

陰道炎

陰道出現痕癢或灼痛感，有異味或腥臭的味道，排出的分泌物帶黃、綠色，或白色呈豆腐渣狀。

小提示：

1. 儘量於性交前後徹底清洗乾淨。
2. 使用純植物提煉的有機洗陰水，坊間亦有推出不同給敏感性肌膚專用的洗陰水。
3. 經期時要勤換衛生巾，按照流量去估算替換時間，但絕不超過4小時，避免長時間累積細菌在衛生巾上。
4. 不太建議使用護墊，長時間使用護墊會容易變成細菌的溫床，並且令到陰部悶熱，空氣不流通。但如果是來經前後分泌較多，必須要用的話也請記得勤換！

尿道炎

每次去廁所時都有劇烈痛楚！

小提示：

性交前後也記得先去排尿！

雖然也知道有時候情到濃時，很難突然停下去廁所……但性行為之後請謹記一定要先排尿！因為在性交過程當中，細菌有機會走進尿道裡，若然不及時排清尿液的話，便有機會滋生細菌導致感染。

以上是綜合了別人和自己的親身經歷，切記若身體出現了任何狀況時請儘早求醫、待專業婦科醫生去診斷！千萬不要諱疾忌醫，別耽誤了病情，錯過最佳治療時機令病情進一步惡化！

自慰探索之旅

　　在情趣用品店工作的這段時間，意外地發現不少女生從沒試過自慰！而且人數還非常多，平均每5個女生便有2個說從未試過自慰！

　　這簡直顛覆了我的三觀，發現自己以往真的是有點先入為主了。因為在我的認知裡，自慰是一種很好的解壓活動，可以使身心得到解放之餘，從探索的過程當中亦能更加瞭解自己的敏感點，尋找自己喜愛的節奏，也有助於引領你的伴侶在床事上更「直搗黃龍」！而且有時在身心俱疲的情況下，自己解決反而相比互動性愛更加「快靚正」！

　　對於自慰的看法，她們的回應都是——

　　「點解要自慰？我無咁大需要喎！」

　　「我都已經有男朋友，唔會自慰喇。」

　　「一個人，好悶吓姐……」

　　當然，我在前面的文章〈OL恥Play愛好者〉中也有提及，對某些人來說自慰還真的是以「一日三餐」去計算，少一餐也渾身不自在。相反有些人，即使沒有性生活也沒什麼關係，更不用談什麼自慰去解決性需要，因為根本就沒有需要，然而這也正正是Kasey最初的心態。

以往是「A0」的她，彷彿
與性從沒掛鉤，至認識了現任
男朋友後才首次接觸性，但很
遺憾在幾次性交過程中都體驗不
到快感，機械性的前戲更加使她感
到每次也像是在「交功課」。經雙方
溝通後都覺得是一個需要正視的問題，她
亦希望透過自慰從而更瞭解自己的身體，這也是為　　　　什
麼她會來情趣用品店的原因。

「你可試試比較入門的迷你震蛋，相對上更容易操作，既
輕便也易收藏，而且女士的陰蒂比陰道裡面的G Spot更容易高
潮！」我拿起展示架上的陳列品，把兩個熱賣的款式遞給她。

「其實除了震蛋，還有其他方法嗎？」停頓了一下，她帶
點羞澀地說：「因為未試過真的有點怕……」

「你有試過用手嗎？」

「沒有呀？用手也可以的嗎？」她看起來有點驚訝。

「當然可以呀！」我感到詫異，心想這不是正常的嗎？雖
然也有用手反而不能高潮的案例，但一開始嘗試自慰的話好歹
也先用手試試吧！

原來她覺得手不可能有快感的原因是——男朋友手勢太
差，有時力度拿捏不好便會弄痛她，所以才令她對此感覺不太
好，甚至還有點抗拒。

「下次可以試試在按摩陰蒂時，將手指先沾上分泌後再輕輕打圈按，感覺會好得多的！」我拿起她的手一邊示範著，一邊詳細地講解。

「洗澡時用花灑⋯⋯」

「床上用枕頭⋯⋯」

「也可試試用檯角⋯⋯」

看著她一臉不可置信的表情，我也被逗得笑了起來。

「我今晚返去立刻試試！這次真的麻煩你了！下次我和男朋友上來買震蛋時再麻煩你介紹呀！」她眨了眨眼，揮手道別。

再見她時，已經是一年後。

當然，那又是另一個故事了。

早洩破事兒

對於「偉哥」一詞，相信大家都不會感到陌生。即使未曾服用也應該略知一二，功效離不開也是持久、增強硬度。

實際上，偉哥原本是一種血管擴張藥，有緩解心血管疾病的功用。對於為了提高性能力的人士來說，偶爾服用當然問題不大，但長期服用除了有機會引發一系列的副作用，如頭暈眼花、心跳加速、血壓降低或胃部不適等等以外，即使身體未有感到任何不適，長期服用還是會令身體自動產生一種「抗藥性」。

客人——Thomas便是一個最佳例子，由於他一直有早洩問題，在朋友介紹下第一次服用了偉哥。在頭幾次服用後的效果亦十分理想，性交時間明顯地延長，在過程當中更能保持著硬度，而且服用後也沒有任何不適。

但直至持續了幾個月後，某天他發現服用後的功效好像比以往減弱，甚至有時硬不起來，經常也是「軟皮蛇」的狀態。

這種情況，就是我想說的「抗藥性」。

我不是在說牌子之間好壞問題（當然也很重要喇），但我想帶出的是當長期服用一段時間後，身體會突然好像適應了

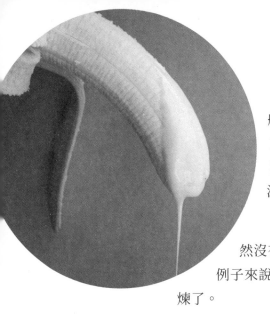

般，藥物威力大大地減弱，甚至乎完全感覺不到任何功效，其實這也是很常見出現的情況。

對於偶爾服用的人士來說雖然沒有什麼大問題，但以Thomas的例子來說，我便會建議他用飛機杯來鍛煉了。

「飛機杯真的會有用嗎？」Thomas疑惑地問道。

「當然有，而且還是比較天然的方法！就正如，你想有六嚿腹肌便去gym room操機、想身體健康便多做運動，那為什麼飛機杯卻不能用來鍛煉持久力呢？」我反問他。

他一臉茫然，似懂非懂地點著頭附和。

「可以分兩種方式，第一種是可從飛機杯的質料入手，照「極軟—軟—標準—硬—極硬」的順序，一級級地挑戰上去；第二種，便是專挑一些像真度高的倒模飛機杯，紋路設計上雖然未必及部分動漫款那麼誇張，但勝在與真實陰道相似，你亦更加容易代入嘛！」我一邊向他解說，一邊把不同種類的飛機杯放到桌子上，瞬間堆砌成一座山。

「我明白了！用了立即變持久，那我買多幾個回去就解決了呀！」他似茅塞頓開般，壓著拳頭一副胸有成竹的樣子。

「拍！」我大大力把了他一下頭，隨後便是一聲慘叫。

「清醒點好嗎！你是嫌錢多還是頭腦太簡單？！」我笑瘋，「如果真的是這樣，公司一早上市了！」

他摸著頭，不好意思地尷尬笑笑。

「你知道什麼是Edging嗎？」我繼續問道。

「好像有聽說過……Cum Control？」

「就是這個原理呀！」

Edging、Orgasm Control其實男女亦通用，若只往男性方向看，便稱之為「控射」。指在即將高潮前放慢節奏、停止刺激，待興奮度減退些再重新刺激，然後不斷再重複、停下，直至到最後按捺不住才射出。目的除了得到最終解放時的舒暢感，在進行Edging時，身體充血會令最終高潮時的快感放大好幾倍。

最終Thomas還是買走了四個飛機杯，期待他下次回來的report吧！

痔瘡的煩惱

俗語有云：「十男九痔，十女十痔。」不論男女，都有同等患上痔瘡的機率。

痔瘡的成因除了與健康飲食息息相關，長期坐立、便秘、壓力等等亦有機會引發痔瘡。懷孕前後婦女亦可能因子宮變大，長期擠壓到肛門導致靜脈曲張以及充血形成痔瘡。

痔瘡一般可分成內痔、混合痔、外痔，輕則對日常生活並不構成太大影響，只於病發時塗藥膏便可紓緩病情；但嚴重者則可能坐立不安、引發大便出血等問題，需要做冷凍切割手術根治。

「我有痔瘡會影響到正常性生活嗎？」我眼前的女士擔憂地問道。

於一個月前，她在排便時感到有輕微的痛楚，其後洗澡時更摸到肛門位置有一粒突出的小肉塊，嚇得她馬上到診所求醫。

醫生診斷後指出她患的是內痔，雖然可依靠藥膏消腫，但若想完全根治就必須要做切割手術；經再三衡量過後，她覺得情況不至於太嚴重，所以便選擇塗藥膏去控制病情。

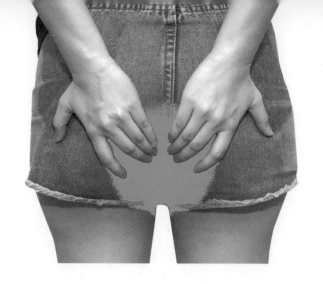

　　「以你內痔的情況來說，其實不會構成大問題，因為痔瘡也算是很常見的都市病……」我想了想，續道，「但若在病發時就要儘量避免進行性行為了。因為病發時會變得腫脹，有機會因痛楚而變得難清潔乾淨，導致有異味或污垢……」

　　「那……那麼肛交的話，」她結巴地說，「會有影響嗎？」

　　「那便要視乎痔瘡的大小了，撇除在病發的期間，偏大的痔瘡可能會於肛交過程中被推出至肛門外，除了觀感上不太好亦有機會引致到痔瘡復發。」

　　「上次看醫生塗了藥膏後，大概相隔幾天再摸的時候已經縮小了很多，我想應該不會推出來吧？」她一臉驚恐地問道。

　　「那就不用太過擔心……但還是儘可能不要過分激烈吧，始終還是會摩擦得到。」

　　「呼！」她長吁一口氣，「那我就放心了！」

隨後她選購了幾款肛塞和清潔用品，雖然痔瘡成因大多與生活作息相關，但保持清潔也同樣重要！

　　要避免痔瘡的形成，就應先培養良好生活習慣，儘量不要長期站立或坐下，避免常吃刺激性食物；切忌煙酒過多、經常捱夜等等。

　　「記得要多喝水！吃多點蔬菜！」

　　「呀！還有要多早睡⋯⋯記得！」

　　「記得喇醫師！下次見！」她笑笑說，然後揮手道別。

前列腺高潮

你試過肛交嗎？

曾經十分「八卦」地探聽身邊熱愛肛交的朋友，發現了一個十分驚人的真相，原來男士玩肛也會有高潮？！

但以我個人來說，我對肛交就不是十分熱衷了。一來是清潔問題比較繁複，我也算是比較怕麻煩的人，而且對「浣腸」有著極大的恐懼……；二來是即使徹底清潔乾淨，但還是會有心理作用，怕「探索」得太深入或過於興奮不小心玩到失禁……

但有時聽到身邊朋友分享就會很好奇：哎？真的有這麼舒服嗎？偶爾若碰上購買後庭用品的客人，他們除了很樂意分享自己的經歷以外，還道出了這個很常見的問題：男士喜愛肛交，一定是同性戀者嗎？

Hell No！當然不是喇！

簡單一句：肛交確是男同的其中一種玩法，但不等於喜歡肛交就是同性戀！

肛交固然不是男同志專利，這當中絕對與性別或性向無關。常見的謬誤：「噢！你喜歡被入，所以你是Gay嗎？」這種

想法便大錯特錯了，同性戀者值得尊重，肛交的喜好也同樣值得尊重，只是不應將彼此劃上等號。

男士肛交為什麼會有快感？

事實上當男士進行肛交時會刺激到前列腺，與女士陰道內的G Spot原理十分類近。前列腺位於肛門上方約三吋左右位置，會摸到微微凸起的粒狀，但每人的深淺亦不一，還需自行探索一下才能確認到實際的位置。

除了以上問題，喜歡肛門刺激的男士們也許還有著一個共同難題——究竟如何向女伴開口？

這次的故事主人翁——Jin便正面臨這個問題。

「其實你可以用AV來嘗試打開話題嘛！」我信心滿滿地

說，「就裝作剛剛才知道有這種玩法，又好像挺舒服的所以便想試試看⋯⋯看她的反應吧！」

「才沒有那麼簡單喇！」他皺著眉頭，苦惱地說，「她在性方面的觀念很保守，聽她說跟前男友連性玩具也沒用過！我怕她會因此而反感。」

「這⋯⋯看來很棘手，但是倒過來想，她不也正是因為你而開始接受性玩具嗎？」我思前想後，更肯定這說法沒錯。凡事總有過程呀！你若十年前叫我幹這行，肯定被我罵得狗血淋頭一臉是屁。

「這是事實，但始終怕她會覺得我變態⋯⋯畢竟這不像是正常男人的喜好吧？換作是你，你又可以接受嗎？」

「如果我伴侶有這個喜好，我也會嘗試迎合他的，而且這還算是在可以接受的範圍內。雙方磨合一下就可以吧！」這是我的真心話，換轉有這個喜好的是我，我亦同樣希望對方會願意接受我，愛和性也是需要磨合的，沒有人是天生perfect match。

「那你是被前伴侶開發的嗎？為什麼會對入肛有興趣？」我又問道。

「這個說來話長，我前女友在這方面的經驗比較豐富。當初也是她先提出性交時要我用肛塞的，最初我也有抗拒過，但還是拗不過她所以才試嘛！」他努力地回想著，「當時也花了一段時間用Training Set慢慢適應，然而之後才嘗試買再大一點

尺寸的按摩器。然後有一次，她正替我口交的時候，突然間把震動棒插入！在這樣的刺激下，我接連射了好幾次……那種感覺真的是……」他捂著嘴有點不好意思。

「怎麼樣怎麼樣？說呀！」我是典型八婆。

「就好像一直維持於高潮狀態，而期間射了三、四次，去到最尾那次，流出來的已經是水狀的透明液體了……感覺實在是難以言喻……」他滿臉通紅道，「唉呀！總之就是很爽喇！」

聽他這一系列繪聲繪色的形容，我還真有點希望自己是一個男人。

最後，他還是決定回去向女友坦白。

畢竟視對方為終身伴侶的話，長期壓抑著自己也未免太痛苦和扭曲。向伴侶講出心底話，開心見誠面對問題才是上上策呀！

希望他最後會成功吧！

當性工作者遇上
聖水愛好者

　　每日工作上也會遇到形形色色的客人，當中除了有男女老少、不同性向的人，也有著不同領域的專業人士，而今次要介紹的是性工作者——Amy的故事。

　　由於工作上的需要，Amy平時也會來購買按摩油、潤滑油、安全套等等，也試過因應客人的需要來購買成人玩具，而這些情況一般都是客人自行負擔貨品費用，再按服務另外加錢收費。

　　不過令我感到有興趣的，反而是她們的接客標準、客人的種類和一些特別經歷。

　　以Amy個人來說，在初入行時不會太過「揀客」，基本上無論什麼類型的客人，只要看起來像個「正常人」她都會接。而隨著年資漸增，生活條件也較從前優渥，她心裡也定下了一把尺，提高了接客的標準。

　　她最討厭的客人便是年過半百的「阿叔阿伯」，通常她們的收費都是以「1Q」去計算（即完成射精過程為之1Q）。

叔父輩相比起年輕力壯的少男固然更難「起機」，亦相對比較難射精，所以她會覺得這是在浪費時間，完全不符合成本效益。

　　她最喜歡的類型莫過於是正值18至28這段黃金時期的少男壯男，堪稱「快、靚、正」，即使服務需要另外加錢也更為大方闊綽；容易撩起慾火、容易射精，快快完事後便可以繼續接待其他客人，她最高峰的時候更試過一天接15位客人。

　　但有時也會遇上一些有特殊需求的客人，例如肛交、「口爆」或者「吞精」，便需要另外收費，但Amy也笑言若遇上頗有好感的客人也會「自動波」，做足全套而不另外收費。若需要用到性玩具的話，一般會由客人自備道具或付費予她們去選購，但遇到自備道具的客人就會比較擔憂衛生問題，始終不知道玩具已用過幾多「手」。也曾遇到過一些比較重口味的要求，例如要求將尿液載在盆子中供其飲用，要求她把內褲戴於頭上，或者要求她在性交過程中稱呼他做「爸爸」。但她也坦言，香港男士普遍比較保守，甚少提出些古怪離奇的要求，最常見的最多只是戀腳癖而已，也不成什麼大問題。

　　當然隨著要求越重口味，客人所給的回報就越是可觀，更會遠遠超越所謂1Q或全套的價格，這就要視乎性工作者的接受程度，而以上所謂的「重口味」，對於見慣世面的她自然是小菜一碟。

　　唯一令她感到抗拒的，就是性命攸關的、危及自身安全的要求，這就不論價格多少都絕對不在考慮範圍內。曾有一位客人向她提出「窒息性愛」，想在整個過程當中用枕頭壓著她的

臉部，直至射精為止。雖然這種玩法並不算是什麼新奇玩意，先不談這當中獲得的快感與否，但是危險性極高，稍有不慎分分鐘真的會弄出人命。對方就算非專業性質，也必須備有基本知識，至少要懂得掌握你的極限點、休息點，如果遇上了只顧一己私慾的對手，為了得到一時快感而妄顧你的性命安全，就算加錢又如何？分分鐘變成「有錢沒命享」！

令Amy印象最深刻的是有客人要求加錢玩「聖水」，需要她排尿至盆子中再供其喝下。當時的她，在盆子上蹲了大半天也排不出來，最後還是需要不停地灌水，先至勉強叫「交到貨」。

「試想像你所排出的尿液，待會兒便成了別人的盤中餐……只要一想到這裡，我便尿意全無……」她努力地回想著當時情境，一臉為難地說：「雖然不是自己喝，但那種感覺真的很難形容，真的會想作嘔。」

當時的她還要眼看著客人喝得津津有味，喝個清光後甚至還要把盆子舔得一滴不留，令我聽到也不禁感到一陣胃酸倒流……

你唾棄萬分的排泄物，卻是別人眼中值得以千金來換的至寶……

正當我以為這已是極限時，她再一次刷破我的三觀，以上提到這位熱愛聖水的客人，開始提出更多光怪陸離的要求，例如他要求Amy在排尿前先喝上咖啡或酒精飲品，因為會令尿液聞上去有更濃烈味道……

對於我這種每天喝一杯咖啡的人來說，當然很清楚喝後排出的尿液會隱約夾雜著咖啡的味道，但這樣的尿液喝起來也會有咖啡的味道嗎？

我不確定自己是否真的想知道。

無性夫妻

若然有天你和伴侶之間再沒有任何性生活，你會怎樣做？

有愛無性的生活你又接受得到嗎？

是因為激情的消逝？還是情趣已被生活中的重重壓力扼殺得一乾二淨？

我認識的一對夫婦便有這樣的情況，他們在生活上是默契度高、人人稱羨的模範夫妻。但在性生活上卻由初相識時的「每日大戰三百回合」，婚後漸變為一個月一、兩次，再去到最後直接變成零。

而事實上，雙方早已貌合神離，在外亦有各自的精彩，只是礙於家人的壓力，只好表面上維持著這段婚姻。

「雞肋，食之無味，棄之可惜。」

當大家再也不能滿足到彼此的需求，自然會衍生出一個問題——出軌。

Alex是我的一位客人，與太太已結婚12年，育有一子一女，稱得上是幸福美滿的家庭。兩夫婦亦收入穩定，更是「住洋樓、養番狗」，絕對屬於人生勝利組。

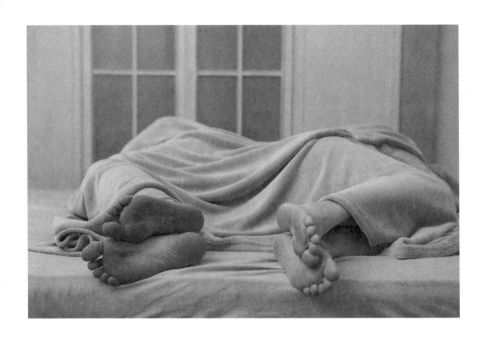

　　但事情在太太誕下第二胎後便起了變化，他的太太開始拒絕與他行房，每天也以「要湊仔」、工作太疲累作推搪。後來 Alex 只要稍有暗示，她都會大發脾氣，更直接說他是「精蟲上腦」、「淨係識搞嘢」。這樣的情況持續了將近三年，而他們也徹底地變成了一對無性夫妻。

　　最近他與太太的關係稍有緩和，而且他們的週年紀念日也即將到來，他為此花盡心思去鋪排，更預訂酒店打算和太太共度一個浪漫晚上，這正是他今次來光臨情趣用品店的目的。

　　「這次是為了慶祝週年紀念日，有什麼情趣用品推介嗎？」他滿臉期待的樣子。

　　「香薰蠟燭、浴球，都是去酒店過夜必備的！」坦白說，因為得知他們的實際狀況，所以我也只敢提出一些提升氣氛情調的「輕口」產品，若然太過火的話⋯⋯只怕到最後會弄巧反拙。

「以女士們的角度來看，你覺得什麼性玩具她會喜歡？」

「我的建議……倒不如這次先『試試水溫』，你和太太已經有一段時間沒性生活，始終大家也需要點時間warm up吧！不必太過急進，或者下次有機會你們一起來吧！」

「好呀！當然好了。」他一臉雀躍地說。

「玩得開心點呀！」我有點不祥的預兆。

以女性直覺來說，我已開始為他的紀念日感到擔憂。

當我再見他時已是兩星期後，看見他鬱鬱寡歡的樣子，我心知不妙。

然後他便開始向我訴苦。當天他們到達酒店後便一起浸浴，也共進了一個甜蜜的燭光晚餐。原本事情是發展得很順利，但就在「臨門一腳」時，他的太太仍是推開了他，並坦言沒心情再進一步。而當時他有嘗試主動攤出問題來討論，但下場……還是不歡而散。

「你覺得她是出軌了嗎？」他滿臉沮喪地問。

「她是你日夜共對的枕邊人，只有你自己才最清楚，外人很難去評論些什麼。」始終寧教人打仔，莫教人分妻。

「其實我們在日常的相處是完全沒有問題的，就是除了性這方面，我也不知道問題出在哪裡。」他長嘆一口氣說，「至

於出軌的問題，按照時間點上看是絕對沒有可能的，她每天下班回家後還要煮飯、照顧兩個子女……」

「也許是因為她真的太累吧，生活壓力太大的確會令人精神緊張。」我打著圓場，別人的家事我也不好直接評論。

「大概只能如此吧，我看你還是介紹飛機杯給我比較實際了……」他苦笑著。

其實我能理解到他的痛苦，就算不清楚他太太拒絕行房的真正原因，但不肯讓步、不願溝通，再加上永無止境的等待，這真的會令人抓狂。

雖然家家有本難念的經，但當感情上出現了裂痕便應該及時作出補救，否則，當意識到的時候，或許已經太遲……

三個月後Alex再來時，身旁多了一位女生。這位看起來二十出頭的年輕女生，自然不是那個與他有12年婚姻、為他誕下兩名子女的太太。

在觀察的過程當中，Alex與女伴之間舉止親暱，期間見他們有說有笑、言談甚歡，不知情的人還以為他們是蜜運中的情侶。最後他們買了一堆震動棒、遙控震蛋、催情按摩油，我趁他一個人到櫃檯付款時，悄悄地做口形問他：「這位是誰？」

他警惕地看一看在門外等候的年輕女生，小聲對我說：「一個月前在交友App認識的！」

「喔，明白。」大家也心照不宣。

有時我會想，出軌行為固然是可恨，但若對方一直不願意作出讓步或任何溝通，難道這種冷暴力行為又不可恥嗎？

若最後自己親手將枕邊人「逼走」，又可以怪誰呢？局外人當然可以選擇站在道德高地上指指點點、說三道四，若然同樣事情發生在自己的身上，還是否可以堅守如此「聖潔」的道德標準？

全職家庭主婦

　　在主要的客人群當中除了年輕一族以外，已經為人父母的也是為數不少，來購買情趣用品的更是以家庭主婦居多。

　　客人A與丈夫已結婚二十多年，這些年來她一直專心在家相夫教子，當一個全職家庭主婦，處理家裡的所有大小事務。自從生了小孩以後，原本的私人時間更由少變零，每天睜開眼也是排得滿滿的日程，煮飯、接送子女、處理家庭事務……時間都被生活瑣事所填滿。

　　而A的先生是典型的朝九晚五上班族，這幾年因為想爭取升遷的機會，時常需要加班至夜深。即使大家在同一屋簷下生活，可是關係卻又如此的疏離，連帶也影響到夫妻間的性生活不太和諧。她先生甚至有幾次拒絕與她行房，在無辦法之下她亦只好自行解決性需要，隨著行房的次數漸少，家中添置的性用品便越來越多。

　　「我不明白！難道有家庭以後，就不配再有性需求嗎？」這個也許不只是她的心聲，許多媽媽自從生兒育女後，基本上連一刻的喘息時間也沒有，更莫論性生活。

　　「我很愛我的先生，也很珍惜我的家庭，出軌是絕對不在我考慮範圍以內的，我很清楚自己想要的只有自己先生。」但無奈的是，她的真心真意卻得不到丈夫的體諒。

「曾經有一次我換上了情趣睡衣，是那種有點小性感的蕾絲睡裙，打算給他一個驚喜……誰料換來的竟是他的一句『很難看、別出來獻世了』，然後叫我趕快把它換走。他說他已經很累，沒有心力再去想這些多餘的事情，當時我真的十分難堪……」說著她已紅了眼眶。

當你滿心歡喜地為對方準備好驚喜，可是換來的卻只有一臉嫌棄，你能夠想像到當時她的心會有多痛嗎？

「我把裙子脫下看著鏡中的自己，一臉的皺紋、肚皮上佈滿了妊娠紋、比以往發福不少的身型，我彷彿明白了他為什麼會對我完全失去興趣……就如同我們的感情一樣，一切再也回不去了。」她眼睜睜地看著他們由最初的激情，漸化成後來的冷淡，再直到最後的疏遠。

為家庭她奉獻了所有的時間心力，甚至是犧牲自己的青春和夢想，而她窮盡一生換來的，卻只有枕邊人的冷眼及嫌棄。

曾經聽說過，若要找尋終生伴侶就應找一個真心喜歡你內在的人，容貌終會老去，性格可隨際遇改變，錢財亦會有耗盡的一天，唯獨那個愛上你靈魂的人才能一直愛你如初。

人生無法只初見，花開花落自有時。

ADULT
TOYS

CHAPTER 2

用品趣聞

羞恥Play之遙控震蛋

「吓！乜震蛋可以出街玩㗎咩？！」大概是我最常聽到的問題之一。

很多情侶、單身男女來到門市都不約而同地尋找遙控震蛋，但似乎大家除了方便以外都從未想過遙控實質上有什麼額外功用。

市面上震蛋大概簡單分為幾種——

有線震蛋

有遙控可控制，需入電池、並非完全防水，所以於清洗時需要避開遙控位置避免濕水，多數使用AAA或AA電池。對比起其他款式價錢上會較為經濟實惠，但大多數也是沒有保養；另外在存放時要比較小心，因為線頭位置有機會壓斷導致接觸不良。

無線震蛋 + 獨立遙控

震蛋和遙控獨立分開的好處是無須擔心壓斷線頭位置的問題，大多數是充電式以及整個防水。全防水除了可以放入陰道以外，亦相對上更容易清洗。一般的無線震蛋與遙控操控距離大概是10至20米之間。但比較建議選購大牌子，除了安全有信

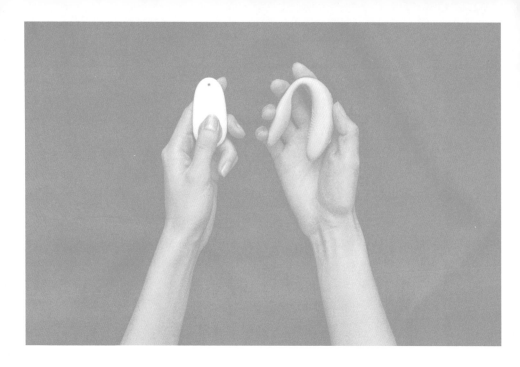

心保證、一年保養以外，摩打震動力、矽膠的質素與雜牌相比要優質得多。

無線震蛋 + 手機 App

最最最受歡迎的種類！直接從電話下載App控制，通常使用此類型的款式便需要留意操作介面上是否有特別功能。App震蛋價格雖然400至1600港幣不等，但卻不是每一款的功能都完善以及多玩法！有部分產品的App界面只有轉換頻率、控制強弱度的簡單功能，亦無太多額外玩法可供選擇。

而國外一款較出名、多功能的無線App震蛋，已與某知名音樂媒體合作，可以線上即時下載音樂，透過音樂直接控制節奏和震動頻率。更有推出遠程控制功能，即使伴侶不在身邊亦可以透過App異地操控著對方，例如A在英國、B在香港，亦可以打破距離限制，絕對是Cam Sex／Phone Sex的最佳首選！

相信話到這裡，老司機們已知道是哪一款！

那究竟無線震蛋如何可以出街玩呢？試想像一下和伴侶去到Clubbing、戲院等公眾場所，可隨時隨地掌控你的伴侶，令對方高潮迭起……整個事情超級Turn on！

如換轉角度，若你與伴侶出街時，突然將遙控遞給對方，然後對他說：「我今日塞咗震蛋呀……」如此誘惑應該沒人可以抵擋得住吧！！！

迷姦水實錄

　　曾經，十分作死地與好友試過坊間所謂的「迷情水」、「乖乖水」。誰料一試才知所言非虛，真的是「不試不知道，一試嚇一跳！」為了警惕大家別胡亂試藥，必定要分享這段黑歷史……

　　一直以來我便有個習慣，就是遊走於各大成人討論區與平台之間，不斷地尋找特別的玩具或催情藥。當年我還未開始在情趣用品店工作，所以唯一的「尋寶」途徑便是瀏覽成人討論區或看看別人分享的「心得文」。

　　有一次，置頂的熱門討論吸引了我的目光，標題寫著：「想令你的女伴欲仙欲死嗎？今晚便用它來個狂野之夜！」

　　「有這麼厲害嗎……」我心想，「哼，儘管看看你葫蘆裡賣什麼藥！」在猶豫一下之後，我還是決定點進去看看。

　　當時的我還不知道，原來好奇心真的會害死貓。

　　100%絕對有效！喚醒她的激情、激發最原始的欲望！數分鐘立即見效，有助改善女性性冷感，絕對是夫妻之間性生活當中的強力催化劑！

使用方法：每次使用二分一的分量，無色無味，可混合在飲品或食物中使用，30分鐘後立即見效，藥效可維持3小時。

一支只售$3xx，現於優惠期間購買一套6支只需$7xx

我馬上打電話給好友小E，告知我剛剛發現的「新大陸」！

碰巧她亦想尋找一些催情用品與男友試試，所以我大概轉述了幾句產品介紹後，我們便決定──儘管試一試吧！

三天後到貨了。

這期間一直等得心急如焚的小E約了我當晚交收。

「等你出報告呀！」以她的急性子來說，大概今晚便知龍與鳳。

「會呀會呀！等我電話！」小E說後便九秒九跑走了。

第二天一大清早，我便被電話鈴聲吵醒。

「喂……」在朦朧之間，我接聽了電話。

「快起來快起來！給我馬──上──起──來！」小E扯高嗓音大聲的叫嚷著。

「大小姐你知道現在幾點嗎？」我無奈的嘀咕著，強烈的睡意令我雙眼睜不開來。

「那支東西根本沒有用！我昨天晚上喝了之後完全沒有感覺，反倒是睡意很重⋯⋯最後我們兩個也倒頭大睡喇！枉我還那麼期待！」她失望地說道。

「你喝了多少？有跟說明嗎？」我打著呵欠，隨即伸了一個懶腰。

「有呀，明明就跟足指示喝了一半！本來剛開始也覺得奇怪，為什麼一點味道也沒有？根本就像是清水嘛⋯⋯」然後聽她抱怨了將近一小時。

與小E通完電話後，睡意全消的我決定親身試一試效用。我從櫃裡拿出迷情水的同時，也順手把按摩棒和震蛋一併拿了出來，打算享受一個豐盛的「早餐」。

我打開了瓶蓋子，心裡想：既然小E試了半支也無感，那⋯⋯不如整支來吧？說時遲那時快，整支已全部被我喝個清光。萬事俱備後，我走向浴室，打算先沖個熱水涼。

放滿熱水後，我便整個人踏進了浴缸內閉上眼享受這清靜的一刻。

突然，身體好像出現點異樣⋯⋯有點想吐的感覺。

「喀——」我忍不住作嘔，同時胃裡面一陣翻江倒海般，整個腹部不斷地絞痛著。我用手以浴缸邊緣作支撐試圖站立起來，但強烈的劇痛令我渾身乏力，「噗通」一聲跌坐回水中。

我視線漸變得模糊，眼前所有景象彷彿都像有幾重影子在

重疊著。霎時間，我開始感到呼吸困難，喘氣聲也變得急促了起來，窒息般的感覺令我感到前所未有的恐懼。

然後用盡全身氣力站起身。

「呼！」我眼前一黑。

時間不知過了多久，我在床上醒來。

伴隨著的是頭昏欲裂的痛楚，還有點像宿醉過後的感覺，但胃部的不適已明顯減退了不少。

我深吸一口氣，窒息感也已經消失。

事後才知道，當時我的家人聽到廁所內傳出巨響後馬上衝進來拍門，見無人回應便即時拆卸了門鎖。然而打開門後，只見我倒臥在地上，已經失去意識。

在昏迷的期間，我間中亦有醒來，口裡不斷重複說著「很口渴」、「我要喝水」，但對這些事我卻完全「斷片」，什麼印象也沒有。

幸好今次是在家中……算是不幸中的大幸，倘若是在外被人下藥，後果就不堪設想了！

市面上其實確是有催情水與迷姦水之分，但亦不乏一些以催情為包裝，實際上賣的卻是迷姦水，藥效不但不會引起任何性欲，而且會令服用者陷入重度昏迷狀態。

但可供購買渠道之廣泛和其熱門程
度，實在令人不禁毛骨悚然……

大麻高潮液Hemp Seed Oil

　　現在市面上的「高潮液」類別五花八門，而它一般是用於提升私處敏感度。除此之外，部分更會附帶著額外效果，常見的便有冷熱感和跳動感。

　　但若數近年最為流行的，必定是標明含有大麻成分的高潮液。客人們也經常被外包裝上的大麻標誌所吸引，最常聽到的疑問便是：「真的有大麻成分？大麻產品在香港不是犯法的嗎？」

　　對，它的確是含有大麻成分。而且目前在香港吸食大麻仍是不合法的。

那為什麼以大麻製成的產品卻可以公開售賣？

因為當中所標示的大麻成分，是指大麻籽油（Hemp Seed Oil），也可稱之為火麻油。火麻油是大麻的種子（即大麻籽）去除外殼後所製成的，可將其製油，也可用作食用用途。內裡只含有極少量的THC和CBD成分，不會使人上癮或對身體造成負面影響。因此，含有大麻籽油的產品在很多國家也是合法產品。

而且令不少人感到驚訝的是，我們平時在涼茶鋪裡面可買到的中藥——「火麻仁」，就是以大麻種子提煉而成的製成品！

那麼用大麻籽油製造的高潮液效用大嗎？

以親身經驗來說，在剛塗上私處時會明顯感受到冰涼效果，然而在摩擦的過程當中，會由最初的冰涼感逐漸變微溫，再到最後會演化成強烈的灼熱感。

在第一次使用時，整個流程都讓我感到頗為驚喜，因為曾經也使用過其他「聲稱」帶有熱感效果的潤滑劑或高潮液產品，但實質效果卻遠遠未如預期，最多也只是塗上後隱約感受到輕微溫感，但幾秒過後就已經「無料到」了⋯⋯

而且在感受到灼熱感的同時，會連帶著陣陣的酥麻感，但這種酥麻感並不同於「麻痺感」，因為麻痺感是會將皮膚的

觸感大大減低。試想像一下當手腳血液不流動時所引致的麻痺感，會令手腳在短暫時間內失去了觸感，並且持續至血液流通後為止。

但是酥麻感卻會令你的身體處於極度放鬆的狀態，肌膚上的一觸一碰都會瞬間被放大了好幾倍。

雖然市面上有部分高潮液的效用，只會分別獨立針對男或女，但大麻籽油便適用於任何性別，而且效果亦較為顯著，而這就是為何我會強烈推薦的原因。

但以下有兩點需要特別注意：

第一，千萬不要食用！

其實包裝上已有清楚列明不可食用。

有一次，有位客人對我說：「這個聞起來香香的不知道吃起來味道怎麼樣？會不會真的有大麻味？」這句說話瞬間燃點了我的好奇心。於是我把它擠到手背上，用舌尖輕輕一舔⋯⋯

哇！！！馬上辣得我眼水直奔，整個味蕾都完全麻痺了，是——麻——痺——了！

害我喝了整整兩支水才冷靜下來⋯⋯

第二，不要使用過量或當潤滑液使用！

它的刺激性屬偏高，對於新手來說未必能馬上適應，建議一開始只擠出少量「試試水溫」，再隨著需要慢慢加大分量。

但無論你的經驗多與少，都千萬不要將它當作潤滑液使用，因為分量少的話灼熱感便恰到好處，但分量過多就會變成「灼傷感」了……

以過來人的身份在這裡奉勸一下大家，不作死就不會死……

減肥排油丸

　　愛美之心人人皆有，減肥亦可算是每個女生的終生事業，大家對玲瓏有緻的身型、黃金比例有著無窮無盡的追求，誰也想擁有人人稱羨的完美線條。眾所週知，維持飲食均衡、多做帶氧運動都是正常的減肥途徑，有些人企圖用節食方法減肥反倒適得其反，更導致有機會患上厭食症。

　　減肥的風氣盛行至今，方法日新月異，而排油丸是近年來受到不少女性推崇的新減肥方法。其實排油丸的原理，是它當中含有奧利司他的成分，可令到食物油脂不被人體所吸收，從而阻礙身體機能對油脂的消化吸收。所以用家所看到的油脂，其實並不是體內多餘的油脂。

　　既然不是排出身體多餘的油脂，效果亦能如預期中這樣理想嗎？

　　我有一位「媽媽級」客人Gloria，她分享了自己的用後心得——

　　「每天只需吃三粒，一天內立即見效！」

　　Gloria在網絡上見到這一款聲稱「無任何副作用、立即見效、不傷健康有助排毒」的減肥藥丸，標榜著無須依靠節食或

運動便可達到超強的減肥成效，並強調不會有任何反彈的副作用。由於她見網上的詢問率極高、帖子留言都是客人的用後好評，使得她看到後也躍躍欲試，沒兩三天的功夫已網購了幾瓶回家。

「大約在一年前，聽說排油丸非常有效，雖然當時已聽聞過會有『漏油』的情況出現，但見功效好像十分顯著，所以便衝著這點網購了幾瓶排油丸，誰料竟是惡夢的開始……」

在生第一胎前，她的體重大概只維持在90磅左右，其實這個重量對成年女人來說也已經是偏瘦。直至誕下了寶寶後，體重便一度飆升至140磅。雖然與以往對比甚大，但她的身型看起來仍是十分的勻稱，反而比以往瘦削的身型更加好看，但她只一心想回復當年的身型。

「起初服用後也沒有感到任何不妥，只是在排便時會看到大便上漂浮著一層油花，而且還附帶一種令人作嘔的味道，實在十分嚇人！」她回想到當時情景，禁不住打了個冷顫。

「當時就想著既然吃了排油丸，反正吃什麼最後也會把油脂全部排出來，那麼即使怎樣大吃大喝也沒有所謂吧！於是便和朋友去吃韓燒，什麼和牛、串燒也被我大口大口地吃進肚裡。」她一臉懊惱，誰會想到她之後的下場這麼慘絕人寰。

「在搭巴士回家的途中，肚子突然開始有點絞痛，起初我也不以為然，反正也只有兩個站、不到15分鐘的車程便到我家樓下，於是我便繼續側著頭看窗外風景。突然間卻有想放屁的感覺，便趁著四周無人時偷偷放了出來，誰料……」

我性急子地問道：「然後呢？是有人發現嗎？！」

　　「我感覺到有些液體噴了出來，當下已心知不妙……整個座位濕了一大片，我伸手摸向座位，竟然全──部──都──是──油！亦且整個巴士下層也彌漫著一陣屎味，我馬上按下鈴鐘衝下了車！！！」

　　「但根據你所形容的那陣臭味……途人也應該聞得到吧？」我實在想像不了情況會有多麼的尷尬……

　　「我還能顧得上旁人眼光嗎？！我用跑的直奔回家，在跑的同時又感覺到肛門噴了好幾下……當回到家時已整個褲子都是油，褲子用手洗了幾遍味道也仍然在！」

　　「為什麼你不用護墊？」

　　「護墊的覆蓋範圍根本不足夠，後來我索性用成人尿片。而且每次在餐廳進食後，漏油的情況更是特別嚴重，吃飯時也會感覺到有油不斷滲出來。」她搖頭嘆息著。

　　「那實際效用真的有那麼大嗎？」我狐疑地問。若然真的那麼有效，怎會還有人去做運動？而且這麼「硬性」地排油，恐怕或多或少也會對身體造成負面影響，這始終並不是一種正常的減肥途徑。

「其實在持續服用三個月後，我的體重已急跌到100磅。功效是真的不錯，但過程真的太辛苦了……所以當時我便選擇停藥，但是之後發生的事……即使我的體重去到180磅我也絕不會再吃排油丸！」她斬釘截鐵地說。

　　「既然你覺得這麼有效，為什麼又會堅決不再吃？」

　　「因為真的是滿滿的陰影啊！原本我以為停藥後應該不會再有『漏油』的情況發生……」她激動地捉著我的手臂，一邊用力地搖晃，「但是就在性交的時候，你要知道還是正在用『狗仔式』的姿勢，我竟不小心太用力又再一次噴油……」

　　「而且還噴得他整個肚子也是油，甚至還沾到他的陰莖上……」

　　我頓時語塞。

　　但至少往後她便開始腳踏實地做運動保持著身型，不再依靠什麼排油丸或減肥偏方，也算是因禍得福吧……

FILE 18

被遺漏在陰道的避孕套

Mani已是四個子女的媽媽，與她相識十多年，見證著她和男朋友結婚，再到生下寶寶。而不打算再生育的他們，害怕不知何時又會多出一個「意外」，現在她正考慮去做結紮手術。

為什麼不戴套？因為她生平最最最害怕的便是避孕套……

大約在十年前，她與男友終日沉溺在性愛遊戲當中，他們的性契合度極高，一起發掘不少高難度的性愛姿勢，於不同的地方進行野戰體驗，也使她第一次接觸到性玩具，種種經驗亦使她難忘至今，而她的性愛啟蒙師——便是她的現任老公。

當時仍然未婚的他們雖正值年少輕狂時，但安全意識亦已十分強，原本一直也有佩戴安全套的習慣；即使是在使用按摩棒的時候，也會因衛生問題而套上安全套後才使用。原本這是一個十分良好的習慣，但就在一次小意外後，使她對避孕套產生了恐懼……

有一次用完按摩棒後，她便一直覺得陰道內有點痕癢，當時以為是因殘留在體內的潤滑液所造成，按道理來說隨著潤滑液完全被排清以後，痕癢感也應徹底消失，所以她並沒有將此事放在心上。

　　隨後的幾天她亦未感到有任何不妥，然後已是月經到來。有天她突然看到衛生巾上的血塊當中，竟然有「膠片狀」的帶血小碎塊，她頓時心感奇怪：「這是什麼？」起初還覺得是喝太多凍飲的關係導致出現了奇怪形狀的血塊。

　　可是當她再上廁所時，衛生巾上已完全沒有血塊，反倒出現了兩、三塊零零碎碎的染血膠片，終於意識到嚴重性的她，徒手拿起其中的一塊，然而竟發現是有彈性的質料？！拿清水沖洗過後，才得知是安全套的碎片！她嚇得馬上用水灌洗陰道，嘗試將手指伸進陰道內把殘餘物「挖出來」，但估計碎片已經完全黏到了陰道內壁上，在肉眼看不到的狀況下根本拿不出來！而且她也十分害怕指甲會把陰道刮傷，於是便決定馬上到醫院求醫。

當面診時，醫生卻也表示愛莫能助！即使有專業儀器作輔助，但因處於月經期間使得陰道長期維持沾滿血的狀態，為了避免造成其他損傷，醫生建議她待經期結束後再回到醫院把其他殘餘物取出。

　　於是，她度過了人生中最難捱的七天，之後終於成功將所有碎片從陰道裡拿出，醫生一共幫她拿出了八塊不同大小的避孕套碎片。而得出的結論是：他們在使用玩具時因潤滑不足再加上劇烈的摩擦以致安全套破裂。而且在使用後只把安全套上的膠圈取下來，也沒仔細地檢查便把它丟掉，所以才導致碎片一直殘留在體內也沒有發現。

　　至此他們再也不敢使用安全套，很快便因為懷上了寶寶而決定結婚。但幸好他們婚後亦一直相愛至今，更先後誕下四名活潑可愛的小孩。

　　世界真的是無奇不有，下次在使用安全套後請謹記要先徹底檢查一遍……

陰蒂吸啜器

自從陰蒂吸啜器的始祖——德國品牌Womanizer於2014年首次面世後,其產品在情趣用品界掀起了一波熱潮。

全新的Pleasure Air™ Technology技術好評如潮,其空氣吸啜技術的原理是透過氣壓而變化,產生吸力令用家感受到「吸啜」或「拍打」的效果;與傳統震動器不同的是,吸啜器無須直接觸碰陰蒂表面,也同樣可以達到高潮的效果。

吸啜器的「易入口」成功令不少女士將它收為囊中物,而且近幾年也陸續有不同品牌爭相仿效推出各類型的吸啜器,到底它有何魔力使得熱潮仍然能持續至今?

根據研究資料顯示,女士的陰蒂有多達超過8000條的感覺神經末梢,相比起男性龜頭的神經末梢還要整整高出3倍!所以陰蒂絕對是能為女士帶來性快感的主要來源,吸啜器的集中刺激使陰蒂快速充血、容易進入敏感狀態,令女士更容易達到陰蒂高潮。

而傳統震動器的直接刺激對某部分人來說,力度相對會較大、容易造成疼痛,而且會較容易令陰蒂造成麻痹的酸軟感。

如此相比之下,陰蒂吸啜器的輕柔力度、非直接接觸陰蒂的刺激便更容易令人接受。

　　至於各類型吸啜器的產品比較和實際測試，在網上已能輕易搜索得到來自不同企業或用家的專業實測報告，有興趣的朋友可以自行瀏覽，我就不作過多的產品介紹以及推銷了。

　　選購適合自己的吸啜器以及有品質保證的性用品是相當緊要，需要提醒一下大家的是：切勿貪小便宜購買一些不知名牌子的吸啜器！

　　當年我還未入行時對陰蒂吸啜器已略有耳聞，記得當時的價格最低也需港幣$1300以上。有一次我行經路邊的情趣用品攤檔，見到一部「老翻」吸啜器才賣港幣$200多！當時心想既然大家都是同類型產品，效果和質量應該也不會相差太遠吧？！

　　於是我便懷著一種即使壞了也不心痛的心態，買了一部試試，當我回家後抱著既興奮又期待的心情，把吸嘴對準陰蒂的

位置，按上了開關後——

我的天！痛得我直接跪下來！！！明明只是第一檔，理應是最最最輕的力度，但其程度已形同虐陰……

隨後我把吸嘴放到指頭上，將每個頻率都重新再試一次力度，然而還未到第三檔，手指頭已經被拍打至紅腫甚至還開始有點麻痺感。連手指也會有痛楚，更何況是私密部位呢……

所以也令我開始對吸啜類型產品卻步萬分，也告誡大家切勿貪小便宜……從事例可見價錢只是其次，質素才是首要條件！

當我再次嘗試接觸同類型產品已經是入行之後，才發現有質素的吸啜器力度其實可以相當輕柔。當然因應著不同牌子，也會有偏吸啜感和偏向拍打感覺的分別，但無論是以上哪一種的方式也好，強弱度方面也是層次分明，絕不會是翻版貨那種「死力」……

在開始使用「正常」的吸啜器後，更意外地打開了潮吹的大門！

我一直也不屬於那種有誇張「水量」的體質，而且還需要內外同步的刺激，若是單單只靠刺激陰蒂的話是十分難達到高潮的。而就在一次與伴侶進行性行為的途中，我同時用吸啜器刺激著陰蒂，才不到五分鐘的時間已經極速高潮，而且還噴濕了床單……

以前一直也覺得潮吹只是誇張的拍攝手法、「AV雜技」，直到發生在自己身上後我才確信它是真實存在的！

Lesbian Play

我初次接觸性玩具，是因為第一任女友。

回想起七年前，因為以往的戀愛對象都是男生，所以在最初與女生交往時，的確有點不太習慣。但是當分別與男生、女生談過戀愛後，有了比較才深深體會到不同之處。而我更享受與女生在一起，那種就如多了一個親姊姊的感覺是十分微妙的，也像原本是best friend關係但卻再昇華至戀人關係。她可以是我的好朋友、soulmate、戀人，亦是我的家人。

我的第一任女友（簡稱她為L吧），是一個短髮女生，若非要去界定的話，便即是TB（Tom boy）。在與我開始之前，她先後與五位女生交往過，在性方面也可算得上是個「老手」。

而我卻恰恰相反，在女女之間的性事方面……雖然並不是第一次，但總括而言亦可說是一竅不通，完全零概念到就如白紙一張。

「如何令她舒服？」

「如何令到她高潮？」

這些問題對於沒什麼經驗的我來說，絕對是世紀大謎題。

後來我才發現一件很有趣的事：Lesbian的手、口技術是真

的、真的十分卓越非凡！（也可能是日子有功）而且是遇到過的男生所不能媲美的。

　　但公平地說一句，始終彼此同是女生的關係，自然會比男生更瞭解女生的敏感點，動作會更溫柔，情感也更細膩。

　　「不如嘗試用『假狗』好嗎？」L壞笑著說，「你應該會喜歡的！」

　　「才不要，我怕！」我別過臉不理她。

　　「就試一次嘛！一次、一次、一次嘛！」她不斷搖動我的手臂哀求著。

　　「不要！」我堅持。

　　「要！」她更大聲了。

「不要！」

「要！」

「我──不──要！」

「我──要！我──要！」

「唉，試一次吧……」沒她那麼好氣，我還是選擇屈服了。坦白說，我對著自己的女朋友也可說是沒有什麼原則可言。

「好耶！愛妳喔！」她雀躍得像個小孩。

於是到了第二天，她已展現出驚人的執行力，以迅雷不及掩耳的速度買了假陽具和震蛋。當我回到家中時，只見她將所有用品全洗了乾淨，整齊有序地擺放在床上。

嗯……這個陳列方式看起來就像是一堆「刑具」，而我大概正是那個等待著被「行刑」的囚犯吧……

在一輪前戲過後，要來的，終究還是要來。

「先用震蛋好嗎？」她溫柔地說。

「不如先等……啊！！！」不等我說完，她已經把它放到我的陰蒂上。我忍不住大叫了出來，一股強烈的酥麻感漸漸湧上來，我的身體也開始在顫抖著。

「舒服嗎？」她邪魅一笑。

「嗯……舒……舒服……」我掩住臉，羞澀地說。

「這個是為你而設的，先用震蛋後才入假陽具你應該會沒那麼害怕。」說罷，她溫柔地輕撫著我的臉頰，用溫熱的雙唇親吻我的耳珠。

　　「嗯……」我雙手緊緊地環抱著她，隨著震動越強，她壓在陰蒂上的手也更大力了。

　　正當我接近高潮時，她突然坐起了身，拿起放在旁邊的假陽具，猛地往陰道裡一插。

　　「啊！我不行了！！！」伴隨著她快速的抽插，我咬著唇，雙手不斷在床上亂抓。

　　一下劇烈的抖震，我高潮了。

　　「看！我說得沒錯吧，你肯定會喜歡的！」她故意大力捏著我的鼻子說道。

　　「哎喲！」我痛得慘叫，鼓起嘴巴不忿地說：「你先別這麼囂張，下次就換你囉！」

　　「你不是說過，只試一次嗎？」她帶著不懷好意的笑容，拿起假陽具左右擺動著。

　　「哎？！有嗎？沒有吧！」我一手把假陽具搶過來，然後順勢把她壓在床上，說道：「那我們別等下次了……」我的嘴角慢慢地向上揚。

CHAPTER 3

性事奇聞

《矛盾大對決》之決戰AV棒

你們知道《矛盾大對決》嗎？

它是約八年前日本推出的綜藝節目，主要是以擂台形式讓一眾參加者Battle，其中最廣為人知的一集便是——「絕對高潮按摩棒VS絕不高潮的女優」。

節目中講述一位女優——麻宮玲，她雖然天生有著非常敏感的體質，但卻是個被虐狂，經常刻意忍著不高潮。因為在忍耐的期間會使她更興奮！而且她早在進入AV界前已開始有自慰的習慣，最誇張的一次更試過長達三小時！亦可能是因為有忍耐高潮的習慣，她可以「收放自如」，隨時控制自己的高潮時間。

究竟這次對決她也能忍得住不高潮嗎？

另一方面，「絕對高潮按摩棒」則派出了開發部的代表，亦在比賽前公開地放了狠話：「不管是什麼女生，都絕對會高潮的！」

究竟最後誰勝誰負？

噔噔噔噔答案是——

女優在時間剩餘最後三分鐘忍不住高潮了，所以挑戰成功的是名副其實的絕對高潮按摩棒！

就在這一集播出之後，坊間瞬間便掀起了一股搶購熱潮，而這個熱潮亦一直持續至今，更有增無減！

但真實用家的評價到底如何？

有一次，一位客人與我分享了她的用後感。

「這個我有試過呀！」她笑說，「這個真的很不得了！」

「以前曾買過幾支大頭棒，但震度上就真的沒如預期中那麼好。」她小聲地說，「我也是看了矛盾大對決後，見到女優用得那麼爽才買來試試的……」

「怎麼樣？感覺真的有明顯差很多？」我狐疑地問道。始終你們也知道，節目效果有時無須太認真，看看就好。

「相差當然大！始終開啟了我人生中第一次潮吹啊！」她自豪地仰高著頭，「雖然我比較容易濕，但潮吹可是頭一次……那次我高潮時還噴濕了床單的一小片，害我還以為是漏尿……」

「完事後我還特意聞一聞床單，但沒什麼味道，而且也沒有帶黃……才想這是不是潮吹。」

說起潮吹，這一直是頗具爭議性的話題。

不同領域的專家、學者亦曾經針對潮吹發表過不同見解。有些學者稱之為「壓力性尿失禁」，指出是因為身體處於極度亢奮狀態的壓力而導致沒意識地排出尿液，即失禁。

但亦有部分人偏向認為女性的潮吹是由陰道噴出的分泌液，而非尿失禁，情況就如男性於性興奮時從尿道排出蛋清狀的黏性液體一樣，不將此歸類為尿液。

你認為呢？

《矛盾大對決》之吹簫達人

繼「絕對高潮按摩棒VS絕不高潮的女優」之後，必定要來談談這一集，主角是達成千人斬成就的吹簫能手——拓也哥。

節目一開始，主持人在二丁目訪問了數名路人：「你有聽說過吹簫方面很厲害的能手嗎？」

「拓也哥！」

「那個人很厲害嗎？」

「有這樣聽說過。」

「你和拓也哥有什麼交流嗎？」

「這個就是秘密了，總之我是很推薦他喇。」

幾位路人都不約而同提到了拓也哥這號人物，擁有旁人源源不絕的好評——究竟他是個怎樣的人？

當節目組去到他所工作的酒吧，鏡頭轉向拓也哥——

「什麼？他就是拓也哥？！」我難掩心中驚訝，還以為他至少會是個美男子……

鏡頭前是一位看約四十多歲、略顯肥胖的中年男人，但舉

手投足卻比女生還要更嫵媚多姿，神態十分風情萬種，而且意外地令我覺得他看起來有種「可愛」的少女味道。

當節目組問到他是否就是傳說中的吹簫高手時，他帶點嬌羞地掩嘴笑道：「對，而且還蠻多回頭客的。」

「至今為止，有遇到過沒成功射出來的客人嗎？」

「沒有，完全沒有。」只見他收起笑容，認真地說道：「無論多難射的人，即使要用三、四小時也絕對會把它吸出來的。」

另一邊廂就由AV男優——澤井亮代表出戰。因為職業的關係，要忍耐射精應該可算沒有難度吧？節目組更特地為此找來了風俗店小姐一試他的忍耐度，他更堅持了長達90分鐘時間！看來他絕對比上文提及的女優勝算更高。

拍攝開始，澤井亮赤條條地站立在鏡頭前，前方以箱子作遮掩，拓也哥打開了簾子，說：「這種外型的小雞雞，是絕對有辦法讓他射的類型！」他隨後自信地望向鏡頭，瞬間讓我爆笑了起來！原來這個還有分類型的嗎？！

更讓我好奇的是，一個沒有男性性愛經驗而且還直到不行的「直男」對拓也哥真的可以硬得起來嗎？事實證明拓也哥果然口技非凡！用了獨門絕技「高速吸啜」，我稍微腦補一下，情況大概是把整根含住，然後像吸珍珠奶茶的概念吧……只見男優立即變臉：「這樣下去不太妙……」然後拓也哥更手口並用，以雙手去輕掃他的乳頭。

「已經相當硬蹦蹦了，接下來便要把他給好好夾緊……」拓也哥說完便脫下了衛衣。咦？！若隱若現之間，看到拓也哥配戴著胸罩。

「雖然很舒服……但是我是堅決不會射的！」男優皺著眉。

「那麼，接下來我會用深喉夾緊術了，請多多指教。」一下鞠躬後，拓也哥打開簾幕繼續埋頭苦幹。

「呃……呀！」他忍不住發出一聲呻吟。

「不行了……不行了……」隨後澤井亮露出了痛苦的表情。

「慘了……好像快射了！」拓也哥繼續加強攻勢，時間剩餘最後五分鐘。

「啊……射了，射了射了！」澤井亮身體劇烈抖動了一下。在萬眾矚目下高潮，也真的不得不佩服男優的專業。

「謝謝款待。」拓也哥淡然地抽起了兩張紙巾，輕印著嘴角邊，露出了勝利的笑容。

突然想起，曾經有一位男生向我形容女生在用口時「搶韁」會很舒服。

（在維基百科可搜尋到「搶韁」正確意思是指：形容賽馬時馬匹不受騎師控制而只顧發力前衝；也被引申形容女性在與男性性交時採取極度主動，令過程失去節奏。）

而那位朋友就分享說，他曾經遇上一位口技十分高超的女生。在幫他口交至射精後，不斷用舌尖在龜頭上打圈輕舔。（要知道男生原本在射精後是處於特別敏感的狀態，不能承受太用力的刺激，否則會感覺「很酸」。）

　　在女生用舌尖的挑逗下，已經射完一次的他很快便重振雄風，然後女生再將他整根深深頂入喉嚨吸實。不斷的吸啜、收縮，很快便令他又再射了一次，但女生還是不肯放過他，不斷地再重複這套招數。

　　直至重複了三、四次過後，他的精液由濃轉淡、再由淡變無，即是俗稱的——「打空炮」，但是那種飛上天、飄飄欲仙的感覺，仍令他難忘至今。

陰部奇「聞」

在替對方口交的過程當中，若聞到從對方私處傳出了異味，應該婉轉地暗示對方？還是繼續「頂硬上」？

在一次和客人聊天時談到關於口交的問題，他十分堅持以後再也不會替伴侶口交。聽後我禁不住好奇繼續追問，他無奈的說：「那是我第一次替女友口交，起初覺得有味道有點鹹鹹的，但奇怪的是我竟然對此有種熟悉的感覺。」我摸不著頭緒，什麼熟悉的味道？！

「然而，當我再把舌頭伸進裡面的時候，我終於回想起這是什麼味道……」他苦笑著說，「是卡樂B的味道！」

「我實在無法繼續下去，但又不好意思向她明說……所以至此以後每當她提出想我替她口交，我也是想盡辦法借故推搪。」他長嘆了一口氣，續道，「甚至到後來我也不敢再吃蝦條，因為總會令我回想起那種久久不散的味道……」

一段不好的經歷，真是會帶來極大的陰影。但除了他的例子以外，我還曾經聽過更誇張的形容，例如有奶油味、三文魚味、甚至是榴槤味……

其實女性私密部位會有味道是尋常不過的事，而且每個人的味道都各有不同，有些人是偏甜，有些卻偏鹹還帶有苦澀的

味道；有的是奶酥味、有的是花香味，誇張的甚至乎會有魚腥味
或鐵銹味。

女性在不同情況下，下體的味道也會有所變化。來經前後
的分泌物增加，也會令私處味道變得比往常更濃烈。而且飲食習
慣也會影響到體味變重，如辛辣食品、酒精、咖啡等等的濃味食
品亦會影響到尿液、分泌物的味道，而且酒精更會使陰道變得乾
澀！所以進食「重口味」類食品後，必須補回充足的水分！

曾經有一位女客人來店裡求助，說她經常聞到陰部傳出陣陣
魚腥味，情況嚴重得一脫下內褲就已聞到強烈的腥臭味。這個問
題一直令她很困擾，也嚴重影響到她與男朋友之間的性生活，無
論如何沖洗那股味道依然退不走，而且更導致她需要刻意迴避某
些姿勢及體位……所以她便想尋求一些可以掩蓋味道的方法，至
少在性交過程中無須擔心身體體臭的問題。

雖然的確是有專門給口交使用的產品，例如可食用潤滑劑、
果味啫喱，或是口交前用的薄荷噴霧也可以遮掩到私處異味，但

這種做法絕對是「治標不自本」的。若氣味已惡化得猶如魚腥味、鐵銹味是極不尋常的事，大多已牽涉到炎症或個人衛生問題，應該做的是正視健康問題與儘早求醫，而不是企圖用附加品去東遮西掩。而且坦白地說，那股腥臭味可沒有那麼輕易便能遮蓋得掉……

既然把問題說出來會令大家都難堪，那一直忍耐不就可以了嗎？

客人A便是因為盲目的忍耐，促成了這次「意外」的發生，親手把自己的「女友」變成了「前女友」。

他們戀愛了數個月，性生活方面也相當不錯，原本一直有替彼此口交的習慣，也一直相安無事。直至最近幾次口交時卻聞到女友下體傳出了輕微的鐵銹味，但為了不想令女友尷尬，每次他都會選擇閉氣忍耐。但在往後的日子裡情況不但沒有好轉，味道更變成了惡臭。終於有一次，他正在替女友口交時不小心地「洩了氣」，強烈的惡臭馬上撲鼻而來，令他忍不住在女友的面前反胃作嘔。

結果證明，「死忍難忍」也絕不是件好事。

為什麼我經常強調清潔上的問題？因為CK的經歷使我深深體會到其重要性……

在CK與女友交往的第三個月，某天我接到他的電話，他頹然地對我說：「昨晚她來我家過夜，我們很自然地發生了關係……」他深吸一口氣後，續說，「在她替我口交了一陣子

後，我便打算轉個『69』的體位，然後我馬上便後悔了……」

「聽著好像挺不錯？！怎麼會是後悔？」我大惑不解。

「因為我聞到了……屎味啊！！！」他崩潰地大喊道。

「那你怎麼辦？推開她嗎？」也難怪他如此崩潰……

「當時我便決定繼續頂硬上，而且轉了體位後才突然推開她也未免太明顯了吧！」

「看不出來你心臟也挺強大的嘛！」我忍不住大笑。

「你別笑！」他氣憤地說：「最慘的還在後面……」

「哦？說來聽聽。」我強忍著笑意。

「原本打算忍一忍很快便過，但這個時候竟然給我看到她肛門附近有淺啡帶黃的印漬！我立馬軟了……」他用哭腔對我說，「然後今天和她出門吃早餐，在點餐的時候見她只點了白粥，便問她為什麼。」

「然後她說，因為想吃清淡點，昨天吃完咖哩後便整天拉肚子，害她上班時跑了好幾次廁所，最後還腹瀉拉黃水……」

雖然這樣有點缺德，但當下我已完全笑瘋了。

至此以後，每次我也會先確保對方當天沒有拉肚子……

FILE 24

陰道的極限擴張

　　「請問，這裡最大尺寸的按摩棒是哪一款？」眼前是一位打扮清爽的年輕少女，留著剛好及肩的短髮，身穿背心以及熱褲，看上只不過約莫二十多歲。

　　「最大尺寸的話，應該是在那邊！」我領著她走向按摩棒系列的陳列架，然後從櫃子的最底層位置拿出一個「仿真前臂」遞給她，這是一款與女士的前臂尺寸相仿、像真度極高的矽膠玩具。

　　「唔……」她拍了拍包裝上積存已久的灰塵，然後問：「這個也夠長，另外還會有更粗一點的按摩棒嗎？」

　　想了想之後，我再走到後庭用品的貨架前，從角落的位置拿出一盒佈滿灰塵的透明膠盒給她，包裝上堆積著的灰塵甚至比剛剛的那盒還要更誇張。

　　「如果體積要更大的話，恐怕就只剩下這款肛塞了……」從透明盒子上可清楚地看到內裡實物，是一個相當於成年男士拳頭般大的超巨型矽膠肛塞。

　　「我先幫你抹一抹……」

　　「不用了，直接幫我把它給包起來，我兩款都要。」她打斷了我。

我聽後不禁大吃一驚，心裡暗暗不斷猜想著她的用途，到底是用來抽獎還是送給朋友呢？明明她的體形看起來和我差不多，應該沒可能會用到這種尺寸吧？！

心中有著各種揣測，我試探地問：「送禮的話，需要幫你用禮物紙包起嗎？」

她似看穿我的小小心思，微笑著說：「謝謝你！但是不需要了，我是自用的。」

從小時候開始便一直有個疑問，究竟陰道裡的空間有多大？而它又能夠容納到多大的物體呢？為什麼這條看似狹窄的通道口卻能生出小寶寶？後來才知道原來陰道具備了一定程度的伸縮和彈性，在性興奮下陰道的寬深亦會隨之增加；而在順產時，陰道擴張的程度更足以令胎兒能夠順利地通過。

除此之外，世界上還存在不少單純以擴張陰道、肛門為樂的群體，他們挑戰著身體最大的可容性，把人體推至一級又一級的極限，享受達到每一個階段所帶來的成就感。

每當在色情網站裡面搜尋到某類型題材時，便會顯示大量關於異物插入的影片，曾經見過有保齡球、毛巾、啤酒瓶、高跟鞋、欖腳、粉筆刷、鱔魚等等。印象最深刻的一段影片，是講

述一個女人宣稱要將桌子上的五支玻璃瓶全部塞進陰道裡，然後鏡頭便特寫著其陰部，開始逐個地把瓶子塞入體內。一支，然後兩支，正當她準備放入第三支的時候——我果斷地把視窗關掉了，我也不知道她最後究竟有沒有成功地完成挑戰，但那種隨時爆開的壓迫感，已足以令我率先投降。

在觀看「人體極限類別」的影片時，顯示出的相關影片間中也會看得到拳交、腳交等等的片段。當中的拳交已是屬於「易入口」也令人比較容易接受。曾經誤點進過一段關於腳交的影片，著實是把我嚇到了。影片的一開始，是兩個女人正在互相愛撫，可是浪漫、柔情的氣氛才不到三分鐘的時間便畫風突變，其中一方把腳伸到對方的下體，先是將腳趾插入，然後看著陰道把整個腳踝給吞沒……

之後，是你絕對不想知道的。

還有這個絕對是恐怖之最，至今仍然歷歷在目……

一名剃著光頭的成年男人把整個頭部塞進了一位金髮女郎的陰道裡面來回抽插，而且還要不斷地左右攪動著……女主角不但沒有出現預期中的痛苦神情，反倒是相當的享受，場面使我禁不住打了冷顫。此事過後我一直催眠自己那是合成的效果，但同樣已在我心裡留下永不磨滅的痕跡……

無論如何，色情電影感覺上還是與現實生活相差一段距離，直到遇到這一位客人後，她才再次顛覆我的想像。

而我所說的這一位，便是買走兩個「鎮店之寶」的客人，她的癖好成因便要由八年前說起了⋯⋯

　　早熟的她年紀輕輕便開始有自慰的習慣，更早在學校有性教育課以前便把自己的身體摸索得一清二楚。她除了與父母同住以外，還有一個比她大三年的姊姊與她同睡一房，所以每當想自慰的時候她便會先靜待家人熟睡後，才偷偷地溜進浴室。

　　起初她也只是用兩根手指，直到有天忽發奇想有了用異物插入的念頭，便將她的「第一次」奉獻了給牙刷柄子。

　　但是只持續使用了一、兩次後便感覺不如以往，畢竟牙刷柄是真的偏幼，於是她便改用梳子的柄身自慰。

　　有一次她趁家中沒人的時候，嘗試把空了的啤酒瓶插進陰道，用瓶口抽插數下後再倒轉用瓶底插入，直至把整個玻璃瓶都完全給吞入。堅硬粗壯的瓶身不止為她帶來強烈的飽滿感，也使她再也不滿足於短暫的歡愉。

　　她開始在上學期間把各種不同大小的日用品塞進陰道內，有橡皮擦、飲品樽蓋、迴紋針⋯⋯而她逐漸追求體積更大的物品，因為有足夠的膨脹感才可使她從中獲得快感，乒乓球、口香糖的長方形鐵罐、對摺一半的手機殼、濕了水的擦臉手帕，每次塞進陰道後便是一整天的時間⋯⋯

　　自從一個人搬到外面住，有了更多私人空間後，她的家中便收藏著各式各樣huge size的性玩具，直到後來已需要在外國網頁裡訂購她心目中理想的尺寸。

「Normal Sex對你而言，是不是很難再有感覺了？」

「相比起真人我還是更喜歡玩具！至於Normal Sex⋯⋯也可以呀，我挺喜歡拳交的。」

「其實拳交應該不算Normal了吧！」
我腦海再次浮現出那段影片⋯⋯

鄰家女孩的放尿Play

　　自從認識了Cat以後，我開始對放尿Play有更深入的瞭解。縱使她年紀輕輕，但卻有著與年紀不相符的膽量和經驗，真的令我大開眼界。

　　Cat時常會到店裡找我聊天。早熟的她，給我的第一印象卻是十分的「小妹妹」。整齊的劉海、黑色的小馬尾，散發出少女特有的活潑朝氣。後來在一次回家的途中碰到她，才知道她原來就住在我家隔壁的大廈，所以在往後的日子裡，她也時常來等我一起回家。

　　直到有一天她失戀了，我買了幾瓶啤酒與她坐在樓下促膝長談了一整晚。漫漫長夜裡，兩個女生天南地北什麼亂七八糟也說一通，但不知道是否在酒精的影響下，微醺的她告訴了我她一直藏於心底的秘密。

　　「那一次放尿，其實是個意外。」說罷，她的思緒漸漸陷入了回憶當中⋯⋯

　　早幾年前，我的前男友每晚都會接送我回家，若有時不想太早回家，我們便會坐在後樓梯聊天打發一下時間。而且情到濃時，也是很好的野戰場地喇！

有一次在朋友聚會後，他如常地送我回家。由於我喝了很多酒的關係，在返程的途中一直很想去廁所，於是便提早下車，打算在附近先找廁所解決。但當時已經是深夜時分，周邊商場都已經關門並上了鎖，我們只好去附近停車場的後樓梯悄悄解決⋯⋯

進了後樓梯，我便馬上衝到角落的位置，然後把褲子脫下，當時我急得近乎失去理智，自然什麼害怕也顧不上了。解下褲子的一刻，他從身後抱住了我，雙手開始不安分地在我身體上遊走⋯⋯

他一隻手在搓著我的乳房，另一隻手漸漸地向下移動⋯⋯我緊緊地捉住他的手臂，咬著下唇強忍著不發出聲音，然後閉上雙眼沉醉於這刻的歡愉。

然而，身體的放鬆令我的尿意更加強烈了！！！

「別這樣，先等一下好嗎？我想先去廁所⋯⋯」我輕輕地推開了他。可是這樣的舉動，反而令他更興奮了。

「不可以。」他斬釘截鐵地說道，同時他的手也正在逐漸加快。

「不要！這⋯⋯太髒了，我快要忍不住，快放手！」我拼命地掙扎，瘋狂拍打著他的手。

但，好像已經來不及了！

我隱約地感覺到在掙扎之間，已經滲了些尿液出來，我用

盡最後的一絲力氣在強忍。

「如果真的忍不住……就放出來吧！」他貼近我耳邊，低聲說，「我不會嫌髒的，而且還很喜歡……這樣淫蕩的你。」說後，他原本另一隻正在搓弄著乳頭的手，漸漸移近我腹部位置——

用力一按！

「啊！」我尖叫，一陣暖意流過，最後防線被擊潰了。

只見尿液如泉湧般噴射出來，我看著他的手指正在我的陰蒂上不斷摩擦，把尿液弄得四周亂濺……

看著如被玩弄到「失禁」的自己，我竟然產生了極大的快感。

「可以入我嗎？」我轉過身，直視他的雙眼懇求道。

「As you wish…」他將沾滿尿液的雙指放進我的陰道內，然後飛快地往上方撩動，同時我亦用手指按摩著陰蒂。

就在這樣的雙重刺激下，我很快便到達了高峰……

時間回到了現在……

「這就是我第一次放尿的經過了……」她漲紅了臉。

「呃……這個嘛……咳咳！我沒想到你說得這麼詳細，哈哈哈！」我企圖以笑來掩蓋自己的尷尬。

「那個⋯⋯我有事想請你幫忙，可以嗎？」

「喔喔，可以呀！是什麼？」我毫不猶豫地問。

「你可以陪我去一趟廁所嗎？」她望著前方。

我應該，去，還是不去？

（待續⋯⋯）

放尿Play實踐

　　我的心撲通撲通地亂跳著，Cat是在暗示什麼嗎？這刻，空氣如同靜止了。我屏住了呼吸沒有作聲。

　　「走吧。」我站了起來。

　　「嗯！」她羞澀一笑，挽著我的手臂走向前方的廁所。

　　街燈映照著我們二人的身影，我看著倒影，心情變得有點複雜。

　　這個決定，是對還是錯？

　　走到廁所門口，隱約聽見廁所內傳出女生的嬉笑聲。

　　「不要進去。」她拉著我的手，低著頭說，「先等裡面的人出來。」街燈照射著她的側面，只見她的臉上泛起了一陣紅暈。

　　「嗯嗯。」我強裝鎮定，但還是被顫抖著的聲音給出賣了。

　　也許是察覺到我的猶豫，她神情帶點慌張地說：「還是你在外面等我好了？」與此同時，幾個女生從廁所裡步出。

　　也是時候作個決定了。

「如果你想，」我用手托起她下巴，直視著她清澈的雙眼說，「我可以陪你的。」她像是被我突如其來的舉動嚇到，一時之間說不出話來。

緩過神後，她臉上露出了微笑：「好，我想你陪我。」說罷便牽起我的手步入女廁。

才剛走沒幾步，她突然停下腳步，回頭對我說：「這裡的廁格太小了……我們去那邊吧。」然後便領著我往傷殘廁所的方向走去。

「咔嚓」一聲，門被她鎖上。

抹乾淨廁板後，她隨即轉過身，羞澀地看著我，同時將身穿的短裙拉高，映入眼簾的竟是赤裸裸的……

原來她一直都沒穿內褲，還和我聊了整個晚上。

她就像個做錯事的小孩，正小心翼翼地觀察著我的反應，生怕什麼舉動會惹得我反感。

她緩緩坐到廁板上，用懇求的語氣問：「可以一直看著我嗎？」

「不。」我的回應令她怔了一怔，我繼續說道：「這樣我看得不夠清楚，你蹲在廁板上吧。」

她乖乖地踩上了馬桶，打開了雙腿，陰毛已經被完全剃清，整個外陰一覽無遺地呈現在我眼前，甚至那兩片緊閉著的小陰唇也清晰可見。

「現在我看得很清楚了，」我刻意放慢了語調，「你可以⋯⋯」

「請你仔細地看著！」話未說完，已被她一句打斷，她一邊說著一邊用雙手打開兩片陰唇——

「潺潺⋯⋯」尿液瞬間噴射了出來。

相比起尿液，她的表情更能讓我興奮。只見她用力地咬著下唇，但亦抑制不住地從嘴裡發出呻吟。此刻迷離的眼神，和剛剛害羞的女孩判若兩人。

她半瞇著雙眼凝望我，眼裡全是渴望。正當我準備走向她時，「咯咯——」。

「咯咯咯——」有人正從外面用力地拍門。

「有人嗎？！我要鎖門喇！」一把中年女人的聲音說道，應該是公園裡的清潔姐姐要下班了。

對的，我也從沒想到這麼老套的情節，竟然會發生在我身上。

「我們⋯⋯還會有下一次嗎？」她俏皮地拍了拍我的肩膀。

「那就要看你的表現囉！」我回應她一個意味深長的笑容。

「你！」她別過了臉，街燈再次映照著她的側臉。

只是這次的她，泛起了幸福的笑容。

嗜血成狂

　　月經，對很多女士而言是個令人討厭的例行公事，每次月經來臨時心裡也暗暗祈求「姨媽」完結後便快快離開。在月事期間不但會影響著情緒的波動，而且會因為生理上的不適而痛得死去活來。

　　但Tracy卻是個例外，每次月經的到來都會使她性慾異常高漲，因為她期待的，正是在月經期間自慰、弄得到處是血的場景。她沉醉於這種無痛楚的暴力血腥感，至少現在的她不需要再像從前般透過自殘而獲得快感。

　　從小父母便離異，她一直自覺是個負累，被父母、親戚們當成皮球般「踢來踢去」，沒一處是她的容身之所，每個人都視她為「負累」，最後更把她送進了寄宿學校。不愉快的成長經歷導致她性格自卑、內向怕事，亦不擅長與人溝通。在學校裡，她害羞內向的性格更令她成為眾人的焦點──被霸凌的對象。

　　在充滿惡意的校園生活裡，每天她都要承受著別人的冷嘲熱諷，像隻「過街老鼠」擔驚受怕地度過每一天。擔心著不知在哪一次的小息、午休會被班上幾名橫行霸道的「大家姐」捉到洗手間裡嘲弄和毒打；回到宿舍後便要吃著被吐進口水的晚飯，睡覺前又要害怕這晚是否又有動物屍體出現在床上。

　　或許是已經接受自己的命運，她放棄了掙扎。看到這裡的你可能會疑惑，為什麼她不向老師、姑娘求助？

　　原因是沒有人會願意站出來指證她們的惡行，誰都害怕自己會變眾矢之的，成為下一個被霸凌的對象。而且在無證無據的情況下，即使求助又如何？若然被惡霸們得知她向社工告發，換來的必然是更進一步的霸凌與更多的杯葛、排斥。

　　沉默和自殘，成了她唯一的出路。

　　永無止境的霸凌使她的心理逐漸變得扭曲，大腿上佈滿了密密麻麻的剃刀傷痕，彷彿只有在自殘的過程當中她才可得到一絲的慰藉。預期要不斷承受別人所施予的痛苦，倒不如由她先傷害自己，彷彿這樣就能抵消掉所有痛楚。

　　而正值青春期的她與大多數同齡女生一樣，對性也有著無限的憧憬和幻想。每當她躲進浴室裡剃腳自殘時，看著新鮮血

液從大腿的傷痕中湧出，便會為她帶來極大快感。

她會在自慰時凝視著流出的血液，從中獲得一次又一次的高潮。她把這稱之為「洗淨禮」，從中洗滌自己的身心，洗去她身上發生的罪與惡，把一切歸零。

但頻繁的自殘、傷痕累累的身體，總有隱瞞不住的一天。她被學校社工發現後便馬上被轉介至心理醫生，在各方的循循善誘下，她第一次對人敞開一直緊閉著的心扉，並坦言自己在學校遭受霸凌。

隨著施暴者們獲得應有的懲罰，再加上社工、醫生的幫助，她漸漸走出了過去陰影，性格變得比從前外向，開始願意接納自己，不再把別人的錯誤歸咎於自身的問題，也戒絕了所有自殘行為。

在正式完結寄宿學校的生涯後，她找到了一份文員的工作，更和她的好友一起合租單位同住，一切似乎都在往良好的方向發展中。

陰影可以克服，性格也可以隨著心態而改變。但若曾對某些事物產生過痴迷與執著，就已如同種子般埋藏在心底裡，如影隨形地靜待著發芽時機。

就在一次洗澡時的自慰期間，一道鮮血伴隨著清水流過雙腿——是月經來了。

一陣久違的熟悉感瞬間湧上心頭，她再次目不轉睛地看著從陰道流出的血液，手指不斷瘋狂地抽插著……

她像重新墮進了萬劫不復的黑洞裡，只不過這次用的是——經血。

然而，她對經血的追求已近乎瘋狂的程度，在來經期間不斷喝紅棗水來增加血量，務求有充足的經血供其玩樂；而且她再也不滿足於瞬間即逝的血液，她想要把它們全部都留著。

現在的她，每逢月經到來時便會改為浸浴，任由經血從陰道裡放肆地排出，把整個浴缸都染成了「紅海」，在自慰過程中同時享受著被經血所包圍的快感……有時她更會把在經期自慰的片段用手機拍攝下來，目的是為了即使在非經期的時間裡，仍可透過影片去滿足自己的慾望。而她最喜歡的片段是：將梳子的手柄位置放進了陰道內，鮮血隨著她的擺動，不斷地沿著梳子邊緣滴到了地下……

而一個和她同樣有著嗜血癖好的男人，正帶領她前往更高的層次……

（待續……）

血色誘惑

　　我是Tracy。

　　我從來都不追求穩定的感情關係，所以一直也沒有固定男朋友。對我來說，一段長久的關係充斥著壓力和累贅，然而hit and run的方式卻意外令我感到輕鬆、自在，毋須任何承諾且無拘無束，正所謂「今朝有酒今朝醉」。

　　一向性慾旺盛的我，經常會在交友App上「約炮速食」，只需要隨便放一張自拍照、配上點小乳溝，便會引來一班饑渴「狗公」的百般奉承。一星期平均會從裡面挑選兩、三個比較合眼緣的男生約會。但除了真人的質素參差以外，即使發展到上房的那一步也好，平平無奇的性愛過程壓根讓我提不起興奮，還不及自慰所能帶給我的衝擊。

　　當然也與我的癖好有關，現在的我已不滿足於正常性愛，就算不是來經期間，我也需要依靠血淋淋的影片去滿足自己的性慾望。無論是長久抑或是短暫的關係，要接受我的這一面已成首要條件。

　　後來我為了把「覓食」範圍收窄，索性直截了當地把「喜歡經血」這四個字列明於個人資料內。初時收到的信息大都是問「可以不衝紅燈嗎？」「為什麼要玩經血？」之類，我最初

仍會耐著性子逐個訊息回覆，但直到後來便索性已讀不回，道不同不相為謀，無謂浪費大家時間。

直至有天我看到這條信息——

himhk：「我能滿足你對血的一切幻想。」

如何滿足？憑什麼？縱使對他的口吻有些反感，但這個開場白成功吸引了我的注意，我按著鍵盤飛快地回覆著。

Traxxy_58：「你試過玩經血？」

himhk：「有，與我的前女友。」

Traxxy_58：「玩到什麼程度？」

himhk：「我們會吃經血。」

看到他的回覆後，我怦然心動。就這樣，與他整整聊了一個下午。

聽他細說當初是如何被開發這個癖好、與前女友「衝燈」玩經血的各種過程，我的心也隨之蠢蠢欲動了起來。隨後我們交換了電話號碼，連續聊了好幾晚的通宵，並約定下次來經時去他家。

而這一天的來臨卻比預期中還要快，就在一星期後，我起床時便發現月經來了。

Traxxy_58：「今晚ok？」

只隔幾秒便收到他的回覆：「沒問題，今晚7點在你那邊的XX餐廳等好嗎？」

Traxxy_58：「好的，今晚見！」

隨即我便從抽屜中拿出了紅棗水的茶包……

接近傍晚時分，我換上了白色連身裙。第一天的流量本應是特別多，但我出門前還是特意只換上護墊。

白色連身裙、紅棗水、護墊。

嘻，你們猜猜他會喜歡我為他準備的小禮物嗎？

7時正，我準時在餐廳門口等他。

「Hello，Tracy？」從身後傳出了一把磁性的聲音。

我回頭一看，他擁有著一身小麥色的肌膚，黑色襯衫配上牛仔褲，即使穿著深藍色棒球外套亦掩蓋不住他健碩的身型。整個人也散發著陽光氣息，想不到他真人比照片看起來更吸引。

「你真人很甜美呢！」他一臉驚訝。

「你也比照片好看多了！」我笑著，同時揮手截停了的士。

上車後，他隨即把手伸進我的裙裡撫摸我大腿內側，由於出門前喝了紅棗水的關係，血量特別的澎湃，經血已從底褲的邊緣位置滲出來。我感覺到坐著的位置已濕了一大片，我望向自己的座位，經血已經過底染紅了雪白的連身裙。

我示意他往下望，誰料他竟直接把手伸進去緊貼在我的內褲外，然後小聲在我耳邊說：「來，先坐上我大腿。」隨後他用紙巾幫我抹乾淨座位上的血跡。司機從倒後鏡中看著我們的舉動，雖然似是有些不滿，但也沒開口說什麼。

在的士行駛期間車身不停的抖動，我的血液也隨著劇烈的抖動而不斷流出，他靠近我的耳邊對我說：「我的褲都給你弄濕了，怎麼辦？」聽著他言語間的挑逗，經血更是源源不絕地湧出來。

「要下車了。」他把外套脫下，在我腰上盤起了小結，貼心地幫我遮掩著後方已被血液染上一大片的位置。他的手緊貼著我的腰背，帶領我步入了大廈裡的大堂，看見管理員瞟了一眼他染血的牛仔褲，我淘氣地看著他偷笑。

步出升降機後，他急不及待地一手把我推至後樓梯，將我整個人壓上了牆壁，用手隔著連身裙磨蹭著我的陰部。整個外陰都被經血浸濕，更多的血液被印到連身裙上。從未有過如此刺激體驗的我，瞬即被他的野性誘惑得意亂情迷。

他進一步把手伸進我的內褲裡，用掌心覆蓋我整個外陰，流出的經血直接打在他的手心中，這個舉動更加令大量的血液從陰道裡湧出，對他的渴求驅使陰道口不斷重複收縮、擴張。隨著幾道血痕在我的腿上劃過，原本雪白的連身裙被劃上了不規則的血色，整個樓梯間都充斥著血腥的味道。

　　突然「咔──」的一聲，樓下有人推開了樓梯門。

　　我被嚇得一臉茫然，連忙說：「我⋯⋯」

　　還沒等我說完，他已把佈滿鮮血的手指塞進我口裡，示意我別作聲。

　　隨著腳步聲漸漸遠去，他把手指抽出，緊接便吻上了我的雙唇，把舌頭伸進我帶著濃烈血腥味的口腔，正當我捉著他的手想放進裡面的時候，他驟然而止，說：「先進去吧。待會兒再還你一個下半場⋯⋯」

　　（待續⋯⋯）

血之盛宴

　　眼前的情境嚇得我在門邊呆站著，地上放置了一塊尺寸大得如king size床褥般的乳膠防水墊，茶几上面整齊地陳列著各種不同形狀、長度的按摩棒，這些……都是為我而設的嗎？

　　「怎麼了，不喜歡嗎？」

　　「這全部都是為了今天而準備的？」我一臉難以置信地看著他。

　　「對的。」他拿起其中一支弧形按摩棒，然後打開了開關，說：「這個也是特地為你而準備的……」摩打的劇烈震動使得四周環繞著「嗡嗡嗡——」的聲音。

　　「躺下去吧。」我按照他的指示平躺在墊子上，並等待著他進一步的命令。看著他手中嗡嗡作響的按摩棒，我不自覺地微微張開了雙腿。

　　看到我身體誠實的反應，他故意關上了按摩棒，帶著狡黠的笑容說：「你平時自慰的樣子，要做一次給我看嗎？」經過這夜他一連串的挑逗，我早已被情慾衝昏頭腦，無論要付出什麼代價，腦海中所想的都是如何被他填滿。

　　我把已被經血浸至濕透的內褲脫到腳邊，幻想自己正於充滿經血的浴缸中自慰，我像平常地用手指頭大力地搓揉著陰蒂，毫不忌諱地在他面前自慰著，這時的我早已拋開了所有的矜持，一心只想要向他展示這個最真實的我。

　　他滿意地看著我點了點頭，說：「我說過會滿足你的一切性幻想。」同時把手指插進了我的陰道裡，續道，「那麼，現在請你一邊自慰，一邊把你的性幻想都說出來吧……」

　　這刻的我已經完全沒有任何的羞恥感，隨他不停地打破著我的極限。我閉起雙眼，回想自己在浴缸裡自慰的情境，然後把當時腦海中的幻想說出來：「在自慰期間被人打開門發現我正浸在經血裡自慰……幻想很多人在看著我……和經血……嗯……」突然，一股強烈的震動使得陰蒂發出陣陣酥麻感，剎那間像被麻痺了所有官感。

「啊！」我忍不住大叫一聲。當我張開雙眼，只見按摩棒已被重重壓在外陰上。

「繼續說，否則⋯⋯我便停手了喔。」

我咬實牙關，強忍著身體的酸軟說：「幻想別人忍不住來幹我⋯⋯然後在過程中看著血從陰道裡流出來⋯⋯啊啊！」震動所帶來的衝擊使我腦海空白一片，身體只想到達那片最舒服的地方。

「繼續說。」他突然停住了動作，只是任由按摩棒在震動著。

「一邊幹我⋯⋯一邊看著我的血滴下⋯⋯啊啊⋯⋯」我再也顧不上那麼多，用大腿把按摩棒夾得死死的，然後快速地扭動著下盤，繼續說，「不斷用陽具狠狠地抽插我⋯⋯啊啊⋯⋯就好像要把我的血都給撩⋯⋯出⋯⋯出出⋯⋯來啊！」伴隨身體猛烈地抽搐，我體驗到前所未有的高潮，一堆血水從陰道裡噴射出來，整張防水墊都被沾上血水。我全身乏力地攤坐在墊子上，盡情地浸淫於血水與空氣中瀰漫的腥臭味之中。

然而他並沒打算就此完結，他領著我走出了陽台，滿身是血的我在地上留下了幾道帶血的腳印，赤裸的身體上下也散發出一陣魚腥的味道，一種最熟悉、讓我感到安心的味道。

我站在八樓的陽台往下張望，正處於黃金時段的市場上佈滿了人潮。若途人特意往上方張望，絕對能夠看見我們的一舉一動。

但，這不正是我所追求的刺激感嗎？

他從後面把我的右腿往上提高，血淋淋的外陰向著街道表露無遺，多重的觀感刺激令我不自覺地將雙手放在陰蒂上磨蹭。他把沾滿經血的左手放進我的口裡，然後對我說：「現在很多人正在看著這個淫亂的你⋯⋯你幻想口裡含著的，是別人的陽具吧，而且⋯⋯」

說著，他已把陽具插進我的陰道裡。

他快速地來回抽插著我濕潤的陰道，血水從裡面不斷地大量噴出，他塞在我嘴裡的雙指也跟隨著節奏來回擺動，彷彿我真的正在被兩個男人同時侵犯著，隨著他越發猛烈的撞擊，我的快感再次被推上了高峰。

接二連三的刺激已使我筋疲力竭，他索性躺在陽台的地板上，示意我坐上他的腹部，被刺激得略顯紅腫的小陰唇觸貼著他那沾滿血液的小腹。我剎那間如像觸電，性慾又再度被燃點。

他扶著我的下盤向前用力一托，我整個人坐到了他的臉上，他的雙唇對著我的小陰唇不斷磨蹭著，經血從陰道口裡源源不絕地湧出。一臉是血的他把舌頭伸進我的陰道裡，飢渴地吃著我的經血，即便是排出的血塊也一一照單全收，把我的經血全部承載在口中，不容許它被浪費一點一滴。

我目不轉睛地看著他露出如此痴態的表情，直至一陣暖流經腹部流至陰道口，再次在他臉上噴出了一灘血水，當中還夾雜著鮮紅色的血塊。他張開口接住了我的所有噴出物，再把它

含住後，隨即將我按到地板上，再把他那根高高挺立著的陽具插進我充滿血水的陰道。然後他把口裡含著的血液慢慢放出，我把嘴張開，接受他所施予的一切。

他的面容逐漸變得扭曲，極大的快感導致他的臉頰禁不住抽搐了幾下。在發出幾聲低吟後，他將陽具從陰道裡抽出，然後放進我的口中把精液全數射進，我將口腔中的血水連同他的精液一併給吞下。

我們，融為一體了。

「今晚留在這裡，好嗎？」

我笑而不語，倒在血泊中與他擁吻。

Weed Party

「我和他⋯⋯」我不斷地抽泣著，聲音禁不住在顫抖，「這次真的⋯⋯分手了⋯⋯」

這三年期間，重重複複的爭吵與一直累積的不滿瞬間爆發。這天，我又回復了單身。

「Ann？你還好嗎？」電話裡頭傳來了擔憂的慰問。

「我需要你⋯⋯我不想自己一個人⋯⋯」此刻的我已泣不成聲。在街上漫無目的地逛了一個多小時，哭得累了便在路邊隨意找個位置坐，狼狽不堪的樣子不時惹來途人的注目。

「你現在先過來我家好嗎？」Yannis焦急地問道。

「好，我現在過來。」我像捉緊了救命稻草。有人陪伴著，至少沒一個人那麼孤單無助。

「傻丫頭，別哭了，你還有我呀。」她輕聲安慰著我。

我頹然地從路邊站了起來，向著前方正迎面駛來的計程車招手。

Yannis是我最要好的朋友，每當我遇到難題時，她總會在第一時間挺身而出，向我伸出援手。在與她相識的這13個年頭

裡，我們都各自陪伴大家度過不少難熬的時光，見證著彼此的成長和我的第N次失戀。

常被她取笑「換畫如換衫」的我，在每次失戀時也像個小孩子般躲進她的家裡盡情耍鬧，訴說我的委屈，發洩我所有的不滿。她就像我的避風港，每次總可以安撫好我的情緒，讓我重新振作又再以笑臉迎人，我常打趣說她根本是我的心靈治療師。

這次也不例外，與男友之間無盡的爭吵已令彼此的耐性消磨殆盡，雙方都不想再委曲求全。而我，又要再次躲進避風港裡「療傷」，但與以往不同的是，她的家中還多了一個男人——她新相識的男友Dave。

雖然與他只見過數次面，但眼見他對Yannis也算得上細心體貼、呵護備至，所以作為好姊妹的我，對他的感覺還是不錯的。縱使不願當個「電燈膽」打擾著他們，但不想回家的我卻又無處可去。而且我對Yannis有著很深的依賴，若然沒有她的話，我也不知道如何熬過這段時間。

「喂？你現在到哪裡了？」Yannis緊張地問，生怕我一個人會幹出什麼傻事來。

「差不多到了，轉個彎便到便利店。」沿途大廈上五光十色的霓虹燈牌讓我看得出神，腦袋逐漸放空，眼神也沒了焦點。

「待在便利店等一會兒，我叫Dave來接你。」

「……」

「喂喂？聽到我說話嗎？」沒聽見我的回應，她顯得有點急躁。

「聽到了……我會在便利店等他的。」我這才回過神來。

「這裡比較龍蛇混雜，你別一個女生到處亂走。」她再三叮嚀我。

「放心，我知道。」說後我便匆匆掛了線。

下車後，我站在便利店門口等著Dave。現在已是深夜時分，冷清的街道上渺無人煙，我抬頭看著夜空，皎潔的月光顯得分外蒼涼。

此時，我看見Dave從遠處向我這邊急步跑來。「嗨！」他喘著氣說，「你……等了很久嗎？呼……剛剛她接到你的電話便叫我儘快趕來接你……」

「我也是剛剛下車。」我有點尷尬，「真的不好意思，打擾你們了！」

他擺了擺手，連忙道：「不好意思的那個應該是我才對！Yannis說你以前一星期也會過來睡兩、三天，但自從我的出現，你們也少了見面……」

「這都怪你！」我板起臉，故作冷漠地說。看著他嚇得不敢說話的逗趣模樣，我忍不住發笑。

「其實有你陪著她更好，她再這樣下去遲早變深山野人……」我打趣道。

不經不覺間，已走到Yannis家門。還未等Dave掏出鑰匙，她已經打開了門。

我立刻撲進她的懷裡，累積以久的負面情緒一湧而上，抱著她哭得聲嘶力竭。她輕輕掃著我的背，柔聲道：「傻妹，沒事了。」

「Ann，先喝點熱茶吧！」Dave把茶杯遞給我。

「謝謝你。」道謝的同時我接過了茶杯，轉個頭便向著廚房大叫：「Yannis！」

她從廚房瞄了出來，沒好氣地說：「她這丫頭麻煩得很，每次失戀也要喝酒喝天光。」說著，她從櫃子裡拿出整支威士忌。

我吐了吐舌頭，笑著對Dave說：「但還是謝謝你的茶喇，你真細心。」有他倆的陪伴，我的心情著實輕鬆了不少。

這時Yannis把威士忌遞給了我，我接過後一飲而盡。

「咳！咳咳⋯⋯咳⋯⋯」濃烈的酒精把我嗆得不斷咳嗽，整個喉嚨變得像火燒一樣。

「好歹也加多點冰嘛⋯⋯咳咳⋯⋯」我摀住嘴一邊咳嗽，一邊在埋怨著。

當我轉過身想對她抱怨一番時，回頭卻見他們倆正在交頭接耳，不知道在討論什麼。

「怎麼喇？在說我壞話囉？！」我鼓起嘴，裝作生氣的樣子。

「不是不是⋯⋯只是⋯⋯」Dave連忙解釋著，但卻又吞吞吐吐的。

「他說他想抽大麻，」Yannis看了看Dave，繼續說道，「但是怕你不喜歡。」

「我似這麼守舊嗎？」我坐直了身子，裝作一本正經的樣子。

「你──滾──吧！」Yannis回了我一個白眼。

「怎樣了，現在感覺有好一點嗎？」Yannis拿起放在桌面上已捲成煙條狀的大麻，放到嘴邊用火機把它點燃。

我無奈地嘆道：「反正都會過去吧，既然付出三年也沒結果，那就無謂再浪費多個三年了⋯⋯」隨著幾杯酒下肚，微醺的感覺使我漸漸有了睡意，整個人軟癱在沙發上。

「不值得，也沒這個必要，既然磨合不了也就毋須強求。」坐在我身旁的Dave打斷了我，「跟不合適的人在一起，即使三天也是浪費！」隨後把手上那支剛捲好的大麻遞給我，這已是第三支了。

　　我接過後深深地吸了一口，苦笑著說：「也許……」話未說完，頓時感到一陣天旋地轉，周遭一切彷彿逐漸在減慢，眼前的影像變成了慢鏡，像分成了不同格數，一格、一格地慢慢走動著……

　　周遭的一切都突然變得很有距離感，我閉上雙眼讓這種感覺隨意在我身體裡遊走。

　　「Ann？你還好嗎？」已不知過了多久，聽見Yannis呼喚著我，我微微睜開了雙眼，只見她用手摸著我燙得發滾的臉頰，一邊說，「剛剛見你睡著了，所以我便先去洗澡。」

　　我張開雙手伸了個懶腰，隨後打著呵欠看向Yannis，只見她已換上了白色小背心，仍是濕潤的頭髮不斷有水珠從髮尾端滲出，滴在她那緊身的背心上，我的焦點隨即落在她的雙峰上——那隱約透出來的淺啡色乳暈。

　　也不知是酒精的影響，還是在吸食大麻的驅使下，我伸出手，用拇指在她乳暈上的位置輕掃，一邊說：「你的乳暈……我能看得見。」手卻完全沒有要停下來的意思，繼續用拇指掃著她的乳頭，直到摸到她的乳頭漸漸變硬凸了起來……

　　「嗯……」她發出一聲呻吟，縱使聲量很輕，但我還是聽到了。

我停下來看著她，氣氛漸變得曖昧。

「他才剛進去浴室……」說著，她把背心的領口往下一拉，整個乳房給彈了出來，白嫩的雙峰在我眼前表露無遺。

我怔住了。

「你要繼續嗎？」她的嘴角逐漸向上揚，臉上掛著的，是我從未見過的表情……

（待續……）

Nipples Play

　　她順勢騎上我的大腿，高聳雪白的雙乳隨住她身體的擺動瞬即回彈了一下，胸部的彈性和吹彈可破的肌膚看得讓人不禁想大力搓揉一番。我遲疑地看著她，不確定是否該進行下一步，究竟應不應該越過這道朋友的界線。

　　她似是看穿我的顧慮，主動將自己的雙手放在乳房邊，用拇指輕掃著乳頭，重複著我剛剛對她的撫摸，那粒又大又硬的乳頭令人很想狠狠咬一口。

　　「你剛剛不是這樣掃嗎？」她一邊繼續用指頭掃著兩粒脹大了的乳頭，一邊靠著我耳邊小聲問，「怎麼停了手？」說後，便用挑逗的眼神看向我。

　　我不動聲色地坐著，只是一直凝望著她，任由她繼續在我身上擺弄著身體，看著她如何在我面前撫摸著自己的雙峰。我壓抑住自己想把她按在沙發上的衝動，但這次並不是因為我在顧慮什麼，而是我樂得繼續沉醉於她像狐狸般的勾引。

　　她把指頭伸進嘴巴裡含住，不斷吸啜自己的手指頭，眼神裡沒有任何害羞或閃縮，直勾勾地與我對視著。然後，她把我的左手拿了起來，伸出舌頭由下至上舔著我的食指，舌尖靈活地在我的指頭上轉動著，她一連串性感誘惑的舉動，已把

我的三魂七魄全勾走了。我不自覺地吞了吞口水,費盡力氣才勉強忍住放在沙發手柄上蠢蠢欲動的右手,專心地看她的「表演」。

然而,她見我還是無動於衷,饒有趣味地說:「好啊,那你就繼續這樣看著我……」

突然間,她將我的食指含進了口裡,我身體如觸電般隨之一震,整根手指瞬間被她溫熱的口腔所包圍,黏稠的唾液與她的舌頭不斷互相交融著,舒服的感覺使我渾身酥軟。她把我沾滿唾液的手指從嘴裡抽出,再放到乳頭上輕輕打轉,黏答答的液體被塗滿在乳頭的尖端,看到濕潤的黏液隱約在反著光。

只見她仰著頭,閉起雙眼露出很享受的樣子。

這樣的她……真的很吸引。

認識她這麼久也從未見過她的這一面,若然有幸見識到,恐怕我已一早淪陷了。

「還未是時候。」我心裡暗道,即使極力的克制已使我在沙發手柄上留下了幾道深深的指痕。

我逐漸變得沉重的呼吸聲、不斷上下起伏著的胸口……縱使能夠抑壓著自己的行為舉止,卻也是掩飾不到我對她身體的渴望。

她看到我刻意抑制的樣子,卻反而越來越有興致,不知道她究竟是賭我下敢下手,還是在賭我何時會按捺不住。這刻的她變得十分陌生,哪裡是以往溫柔體貼的小女生?這時的她,

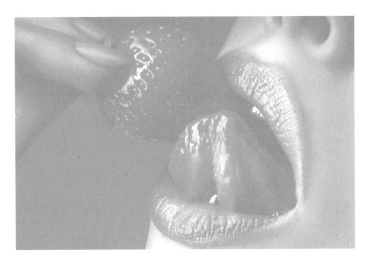

更似是個撩
人的小妖
精，把我的
陰暗面都給
撩動出來。

　　她用雙
手一併托起
胸部，將兩邊乳房集中地推到中間，向我靠得更近了。那兩粒
被刺激得挺立著的乳頭，離我的雙唇只餘下不到一隻手指的距
離，只要我張開嘴巴便可以盡情貪婪地吸啜她的乳頭。我把頭
往後靠，倚著梳化，她用手托著右乳，然後——

　　用乳頭在我的嘴唇邊磨蹭著。

　　她把它輕印著我的嘴，似有若無地從唇邊掠過，我微微張
開口，她把乳頭擠進我的雙唇之間來回摩擦著。

　　我抬起頭與她對視，她看著我似乎更興奮了：「我喜歡看
見你這個樣子，明明很想要但卻又要忍住⋯⋯」

　　突然間，廁所的水聲戛然而止。

　　我嘴角勾起一絲意味深長的笑容⋯⋯

　　現在，是時候了。

　　（待續⋯⋯）

Secret Fuck

「啊！」她忍不住大叫一聲，趁著她被驟停的水聲分散了注意力時，我猛地用雙手揉捏著她的雙乳。她被我突如其來的舉動嚇得不懂反應，眼神不停徘徊在浴室和我之間，似是擔心Dave出來時會目睹眼前的一切。

我卻不打算因此而停止手上的動作，反而更變本加厲地扶起她那雙極具彈性的乳房，使勁地吸啜著那兩顆聳立著的乳頭，再用指尖把它夾起搓揉著。我伸出舌頭，輕輕地點在那顆被我刺激得更為腫脹的乳尖上。

她刻意忍住呻吟聲，我壓低聲線在她耳邊故意重複著她剛才的說話：「我也很喜歡看見你這個樣子，明明很想要但卻又要忍住……」然後看著她邪魅一笑。

這刻的她，終於意識到我一直克制自己的最終目的。她一邊用力地拍打著我的後背，一邊看向浴室對我不斷地打眼色。我繼續無視她，壞笑說：「誰叫你剛剛這麼得瑟！」隨後我便繼續吸啜著她的乳尖，任由她拍打我的背。

我用雙手扶著她的乳房，兩邊的乳頭貼得更近了，然後貪婪地放進嘴一起用力地吸啜，再往後一拉，

「啵——」

「啵──」

「啵──」

用力的吸啜發出了清脆的聲音，一下一下不斷地重複著。只見她再也按捺不住，把我的頭抱在胸前，軟綿綿的雙峰緊緊壓在我的臉上。她嬌喘道：「好舒服，繼續……」

「不可以喔，他要出來了……」我靠在她耳邊說：「我的小──淫──娃！」未等她回應，我抱起了她再轉身放到沙發上，將被單蓋上她的身子。

「你們在玩什麼嘛？」打開門後，Dave用毛巾印著頭上的水珠，一臉疑惑地看著梳化上氣喘不停的我們。

我靈機一觸，拿起桌上的威士忌對Dave說：「她怎麼說也不給我喝，還要跟我搶……你快幫幫我嘛！」我嘟著嘴對他撒嬌。

Dave失笑，揶揄我道：「Yannis不給你喝是正常的，剛才看你躺在那邊一動也不動，嚇得她以為你沒有了呼吸。」

「我就知道你最關心我了，是嗎？」我回頭看著Yannis，嘴角露出狡黠的笑容。然後定睛看著她胸部的位置，小背心上的乳頭位置被我剛才的唾液印濕了兩小片，使得她挺立著的乳頭更顯眼。她似乎是察覺到我的注視，趕緊把抱枕放到胸前擋著。

Dave坐到梳化，那正是我剛剛與她纏綿的位置，氣氛突然變得有點怪異……

Yannis率先打破僵局：「今晚你就留在這裡睡吧。」她背對著我收拾起桌面，望著她的身影，猜不透她臉上的表情。

Dave指著沙發對我說：「我睡在這裡，你和Yannis在房裡睡吧。」

「不怕，我睡沙發可以了！」我聳聳肩說，「反正我明天才洗澡，不要弄髒了床。」我看見Yannis臉上閃過一絲落寞。

收拾過後，他們回到房間休息。

我帶住倦意很快便進入了夢鄉。

一陣涼意襲來。

朦朧間，感覺到有人壓坐在我身上，正在親吻著我的頸部，然後是耳珠，一股熱氣打在我的面頰邊上。我迷迷糊糊地睜開雙眼，是Yannis。她對著我邪魅一笑，只見她全身赤裸坐在我的身上，地下佈滿零散的衣物。

檯燈照射著她近乎完美的身軀，下盤在我的大腿上摩擦著，不斷在前後扭動。我扶著她的腰，雙手跟隨著她擺動的節奏。

她用迷離的雙眼凝視著我，我往睡房一望，發現門仍是半掩著，我好奇問道：「你不怕Dave聽到嗎？」

她整個人往前靠，伏在我身上壓低聲音說：「我小聲點就可以。」然後便低頭輕咬著我的耳珠。

我輕撫著她柔軟順滑的長髮，將五指深深插入她的秀髮之間，再向後用力一扯，只見她閉著雙眼，一臉享受的樣子，看來相比起溫柔的愛撫，她更喜歡粗暴與刺激。

　　我扯著她的頭髮與她濕吻著，兩根舌頭正在互相交纏，期間她不斷用柔軟的雙唇吸啜著我的舌頭。我扯起她的頭髮示意她站起來，領著她走向睡房門外，我從後環抱著她，一起站著面向著房門。

　　我在她的耳邊用氣音輕聲說：「記得要小聲點啊，不然會被發現喔……」然後右手便直接向她的陰部伸去，只摸到她整個外陰全是濕潤的液體，我整隻手全佈滿了她的黏液。

　　「望著門口……」我以命令的口吻說道。她服從地抬起頭望向門口，我續說，「如果他出睡房便會看見你現在這個樣子，他有見過這麼淫亂的你嗎？」果不其然，更多的黏液從陰道口滲了出來，她就是喜歡這樣的刺激感。

　　我把手拿出，轉移到後方把雙指插入她溫熱的陰道裡，感覺到她內裡的肌肉正不斷重複把我的手指夾緊。我隨即快速地抽插了幾下，她弓起身子，身體劇烈的抖顫透露出她已到了忍耐的極限。

　　我索性直接把她推到房門的間隙之間，左手在搓揉她的乳頭，同時右手繼續快速地抽插。

　　「我……忍不到了！」她用盡最後的力氣試圖把聲音壓低，我卻隨即再加大了右手的力度。

「啊……啊啊……啊！」她拋開一切顧慮放任地呻吟，身體伴隨著一下劇震。

一切又再次回歸了平靜……

第二天，Dave拍拍睡在沙發上的我們。

還是睡眼惺忪的我，揉著眼睛對他說了聲早安，他似是對Yannis同樣也睡在沙發上而感到不解。

「昨晚她見我睡不著，於是便陪我聊通宵！」隨著一聲呵欠，Yannis也坐起了身。

「那你們肚餓嗎？我準備去買早餐。」Dave站在玄關處穿鞋。

「好呀！」我和Yannis異口同聲地答道。

我與她四目交投的那刻，彼此相視而笑。大概，這次我真的淪陷了。

Sex Partner 之約炮速食

以現今社會的速食文化來說，在網路世界尋找sex partner（簡稱SP）似乎已不是什麼新奇事。與素未謀面的陌生人相約共度春宵一刻，溫存片刻後又再「back to normal」，重回各自生活，彷彿從未重疊過一樣不留下一點痕跡。

曾在交友App中遇過各式各樣的網友，有夜不歸宿的未成年少女、足不出戶的打機宅男、從外國回流的高學歷ABC、不安於現狀的熟齡人妻、單身至40歲也未曾戀愛過的寂寞大叔……交友網絡就如一個大型的相親資料庫，絕對只有你想不到，沒有你遇不上的。

透過交友網絡認識過不少對象，從而發展到SP、ONS（One Night Stand）關係的Kammy，對約炮速食的文化亦頗有感觸。我和Kammy是在朋友的聚會上認識的，當時已略略聽聞過她錯綜複雜的感情史，如何周旋於不同的男人之中卻又能把他們都抓得緊緊離不開她，對我來說她是一個既有趣又帶有神秘感，而且充滿著故事的人。

「真的是每個都只想找SP嗎？即使是用交友App也不排除當中有人只單純想交朋友啊……」我嘗試為自己平反，雖然也曾經與網友發展至友達以上的關係，但也不能因此否定我當初純粹是想交朋友的心啊！

「其實大多數人都是想『深入交流』，難道真的會預期自己在這裡找到靈魂伴侶、真心朋友嗎？」她露出輕蔑的神態，聳聳肩說，「也許不能完全排除有純粹想交友的人，但男女之間絕對沒有純友誼便是肯定的了，出來見面後發現不對口味的便稱之為『朋友』，若遇上口味對的，便靜待時機看看是否有機會發展成戀人或『密友』。」

「密友？」我一頭霧水。

「親密的朋友，即是『炮友』！」她大笑了起來，「但就不是每個都有資格『榮升』到SP這種持續性的關係，遇上不太合眼緣的對象自然不會有下一次，那些就只能勉強說是ONS吧！」

對Kammy來說「幾歲、住邊、做緊咩」這種查家宅形式的開場白是她最為不屑的，她稱呼使用這種套路的人為——「社交青頭仔」，既無聊又無趣，連回覆的力氣也可以省掉。

「你會有約炮的標準嗎？什麼類型的男生比較吸引你？」

「陽光型的大隻仔自然是最加分，不只身材好、感覺上體力也比較好，若然是性格幽默會更有好感！」隨後她便反了一下白眼，繼續說，「最怕便是遇到那些『偽韓仔』，畫眼線、塗粉底液，再配合『都敏俊頭』的這種小鮮肉就留給小妹妹好了……我還是比較喜歡成熟的類型。」果然成熟穩重對任何年齡層的女性也有著謎一般的吸引力。

「那麼在你的約炮經驗當中，有遇過什麼特別『炒車』的經歷嗎？」

「當然有，試過約一位男網友吃晚飯，原本在一開頭我們便交換了照片，到達約定地點時一直也找不到相似的人。直至有位中年男士直呼我的網名。我看著眼前這個禿頭、戴著金絲眼鏡的男人，又再看看照片上身材健碩的肌肉男，別說『炒車』！那刻我翻車的心都有了！」她形容著當時的情境，仍然是恨得咬牙切齒。

「這個落差感不是一般的大吧……最後你們還有吃晚飯嗎？」

「看著他還吃得下飯才怪，我直接罵他一頓後便轉身走人，盜圖比照騙還更可恨啊！」也是，她的條件本身就很不錯，遇上了這種事情生氣也是正常。

「還試過遇上了『極品快槍手』，插了才不到五下便射精，這種真的是約過一次後便可以直接封鎖。」

「你最高峰的時候同時有幾多個SP？平時你們又是怎樣相處的？」

「最高峰時……大概同時有四個，其實我們平時不會有太多的交集，始終SP不同於朋友，我們也不會像朋友般相處聊天。」

「說實話，雙方也視彼此為洩欲的工具，只在有性需要或感到無聊時才會想到對方吧。」

「要成為你的SP，性能力也有一定的要求吧？」

「能力和技巧自然是放在首位的，遇到技術不好的難道還要拿來折磨自己嗎？直接next吧！」她毫不留情地說道，其實也挺羨慕她能活得這般的瀟灑。

「那你有試過沉船嗎？」我問道。在SP的關係中，不能沉船已是公認的戒條，基本上只要一沉船，對方便會萌生去意，因為誰都怕會有「手尾跟」！

「其實只找SP或多或少也會涉及一些私人原因，可能是本身有家室、享受多角關係，或者是已經有穩定交往中的伴侶，只是單純地想出來『偷食』……」

嘆一口氣後，她緩緩說道：「始終上得山多終遇虎……曾經我也試過喜歡上了SP，但他已是一名人夫，有自己的家庭，甚至還有個五歲大的小孩。」

「在與他共處的半年時間裡，真的讓我感到很放鬆、很自在。每個女生都想自己成為別人心目中最特別的那一位，而他便能帶給我這種感覺，令我覺得自己不同於其他女人，可是我只想成為他心中的唯一。」

「但就在一次見面後，他直接封鎖了我的電話，也刪除掉在交友App上的帳號……」她的眼神閃過一絲失落，明顯是對他的不辭而別耿耿於懷。

「我有想過是不是因為他意識到我沉船，怕我會影響他的家庭？抑或是他想要洗心革面，回到他太太的身邊？」

可惜她永遠也不會知道真相了。

「即使你有男朋友還會一直找SP嗎？」

「我猜還是會的……」

「為什麼？」

「因為我怕寂寞呀。」

　　因為害怕寂寞，親手把自己推進了另一個深淵。

Sex Partner 之初次心動

預期要在網絡上「大包圍」地尋找SP，還有機會面臨圖文不符的情況，那倒不如從身邊的朋友、同事裡挑選還更加靠譜得多！在香港這個出名「長工時」的地方，與同事相處見面的時間還要多過自己的家人。

既然是「朝見口晚見面」，誰又能保證同事之間不會擦出其他火花？

Amelia的經歷是我聽過最瘋狂的故事之一，我從來沒有想過從AV上看到的情節，在現實生活中竟會有人真的把它實踐出來。

原本我也以為某些類型的AV情節，真的只是「做戲咁做」，真實世界哪會發生這等事？

直至我接觸許多不同的人，聽過更多不同的真實故事後，才知道⋯⋯原來我把先後次序給弄反了。

不是因為AV拍了才有人實踐，事實是正正因為現實生活中一直也有人做著這種事，才會有人想把它呈現於銀幕前。

事情發生在兩年前。

當時的我還在一家連鎖式傢具店裡擔任著銷售員。初踏入這行的我就如白紙一張，對所有傢俬亦一竅不通，但幸好同事們都待我不薄，當我有任何疑問的時候亦會耐著性子作出指導，而且特別是他──Benson，這間公司的分區經理。

他對我也算得上是照顧有加，除了因為我是「菜鳥」而對我特別有耐性之餘，亦因大家的年紀相仿，所以我們也特別聊得來。

還只是三十出頭的他在公司的業績一直十分出色，只用了不到五年時間已由普通職員升至分區經理的職位。但沒有架子的他對待所有人亦一視同仁，隨和、健談以及幽默也是促使他人緣好的主要原因。

這天上班，我像往常一樣在檢查客人的訂單、安排貨品運送等等，進行著每日的工作日程。

「叮叮──」電話響起了。我俯首一看，是Benson。

「上班還習慣嗎？」這幾天是他的假期，店裡面只剩下我和另一位同事Ella。

「工作流程上大致沒有問題，但是關於產品的細節還未能完全記熟……」在入職後的這兩個星期時間裡，我每日學到的東西也會用紙筆記錄著，待回家後再把它溫習一遍。

「慢慢來吧！邊做邊學很快便會記得清楚。」

他的鼓勵使我不禁心頭一暖，我回覆他：「謝謝你，我會繼續努力學習的！：）」

雖然與他相處的時間只有短短兩星期，但也已經足以令我對他產生了好感。他無微不至的關心、間中的噓寒問暖，無形之中已在我心裡佔著很重的分量，但我也絕不敢有非分之想，因為，他已有女朋友。

「你好，歡迎光臨！」Ella看著門口的方向喊著，然後打眼色示意我上前招呼客人。

「先生你好！請問我有什麼可以幫到你嗎？」我面帶微笑，禮貌地問眼前男士。

「你好，我想找兩座位梳化。請問是否可以獨立訂造？有圖樣先給我看看嗎？」

「可以的，請跟我到這邊……」我帶領著客人走到梳化區。

「叮叮──叮叮──」連續響起兩下訊息鈴聲，電話在我的口袋裡震動著。我趁著在客人挑選梳化的空檔拿起了手機，仍然是Benson。

我點入對話框，他的信息讓我的心臟幾乎停頓了──

「今晚有空嗎？」

「一起到附近酒吧飲杯？」

我的腦海一片空白，手心裡捏著汗，他是在約會我嗎？

「小姐，我想問……」

難道他對我也有好感？但應該不會吧，他已經有了女朋友……

「小姐……」

莫非是因為公事？也沒理由呀，公事在公司談不就可以了？！

「小姐！！！」我這才回過神來，看著面露慍色的客人。

我連忙鞠躬道歉：「對不起！真的很對不起！我今天有點不太舒服……」然後便趕緊把手中的圖樣冊子遞給客人。

我的心，仍如小鹿亂撞。思索一番後，我便回覆他：「可以呀，今晚見。」

「好的今晚見，我在公司樓下等你。」

「滴答——滴答——」

我看著鐘擺，距離下班時間只剩餘最後五分鐘，我的心也隨之加快跳動。自今天收到他的信息後，我整日心不在焉，揣測著他約會我的目的，不斷地猜想他是否同樣對我有意思，但再三細想下又似乎不太可能……

「Amelia！我有事先走了，記得要關好燈和檢查閘口，明天見吧！」我還未趕得及回應，Ella已經快步離開。

連Ella也走了，意味著他只約了我一個。

今晚只有我和他。

我收拾一下場地，確保把燈都關掉後便拉閘離去。

剛到樓下，已看見他在門口旁邊等候著。

「去對面街的那間酒吧好嗎？你上班一整天應該也累了，別去那麼遠。」

「好呀。」說著，便與他一起過了馬路，向著對面方向走去。

「坐這裡好嗎？」他指著酒吧裡最角落的卡位。

我聳聳肩示意沒有所謂。

坐下後，他隨即點了一打啤酒。

「今天約你出來會不會有點唐突？」他有點尷尬地問道。

「不會呀，反正我下班後沒事做。」我才不會告訴他我推掉朋友的約會，目的就是為了這晚能夠與他相對。

服務員把啤酒放到桌子上，然後熟練地替我們倒著酒。

「隨量喝可以了，大家輕輕鬆鬆聊天便好。」我順手拿起酒杯喝一口，目前也只好用酒精去掩蓋我內心的緊張。

「聽Ella說你今天有點心不在焉，發生了什麼事情嗎？」

聽到他的提問後我心裡一陣慌亂，難不成要坦白說因為你嗎？！

我一臉不置可否的表情，平靜地回答他：「可能是因為昨天晚上睡太少，今天精神有點不太好……」不知是我的第六感準確，還是我太多疑，我隱約覺得他是明知故問。

「既然如此我們不要聊太晚，今晚你早點回家休息。」他微笑說，「你覺得這間公司的工作環境如何？」

「還不錯，相比之下沒有舊公司那麼大壓力，也是令我感覺比較舒服的。」

「那就好，若你有什麼困難找Ella便可以，別看她冷若冰霜，其實熟絡後很好相處的，據我所知她也挺喜歡你。」他溫和地對我說。似是看出我最忌諱的便是人事關係、是非八卦……這也是我當初離開前公司的最大原因。

隨著幾杯酒下肚，雙方都沒剛才那般拘謹，我暢談自己過往的經歷，例如離開上一份工作的原因、年輕時幹過的蠢事，也聊到我的感情史。我與相戀六年的男朋友在上年和平分手，大概這便是「因誤會而結合、因瞭解而分開」吧。

不知不覺間我們已喝完兩打啤酒，我逐漸感到酒氣攻心，開始有點不勝酒力，用單手托著頭，身體更靠前傾。

「你還好嗎？」看到我一臉醉意，他關心地問道。

我勉強撐起著身子說：「我沒事，喝點茶便可以。」

他隨後向服務員點了一杯熱茶，然後說：「先蓋住我的外套吧，免得冷病了就不好。」說罷便脫下外套披到我的身上。

「好的，謝謝你⋯⋯」從外套傳出他身上的香水味，而且還夾雜著微微的體香。

嗯。這味道⋯⋯真的很好聞。

我看著他手臂上的肌肉，以及那若隱若現的青筋⋯⋯

我突然感覺下體一緊，從下滲出一陣微涼感。

「我先去廁所！」說罷便快步走向洗手間。

脫下褲子後，內褲上那透明液體狀的分泌物清晰可見——微涼是因內褲沾濕後再重新觸碰到陰部。

我腦海中再一次浮現剛剛的畫面，他手臂上的肌肉、隱約可見的青筋，還有外套上殘留的香水味⋯⋯

咦？！！！

一想到他，我的分泌又再次懸在陰道口的邊緣，恍惚下一秒便即將落下，情急之下我用手接著。

黏液直接滴落在我的手中，從手心裡傳來微溫。我打開手一看，分泌物形成了晶瑩通透的拉絲狀，我忍不住把手重新放回陰部上來回磨蹭，直至到手心的黏液把整個外陰弄得濕潤。

「應該夠時間吧⋯⋯」我一邊心想，一邊已伸手進襯衫裡面把乳罩上的肩帶拉到手肘的位置，然後再把罩杯拉至胸下。

鋼圈把我的乳房聚攏集中地高托著，而被我拉下的罩杯把我的雙峰更推高了一點，乳頭與襯衫不斷互相摩擦。我望向鏡中，清晰可見兩顆乳頭正高高勃起。

我凝視著鏡中露出淫蕩表情的自己，同時更加興奮了。挺立著的乳頭被襯衫的物料摩擦得發癢，我幻想這是他正在用雙手撫摸我的乳尖。

「嗯嗯……嗯……」我忍不住發出呻吟聲，陰道口的黏液又再次流出，正當我準備將雙指插入時……

「啪啪！」我被敲門聲嚇得不懂反應，清了清嗓子後便應門：「等一等！我馬上便出來！」說罷便匆忙整理好衣衫不整的自己，繼而在沖完馬桶後便開水洗手，假裝剛上完廁所不久。

我一臉慌張地打開門，只見他站在門邊露出擔心的表情：「我看你去了那麼久怕會出什麼意外，所以便來看看你。」

想到自己剛才在廁所裡荒唐的舉動，我一臉尷尬地說：「對，喝得太多有點想吐，不好意思……」

他馬上撒手搖頭地說：「你沒事就好！」

「我送你回家吧。」說著他便拿著帳單去櫃檯前結帳。

步出酒吧後，我跟他說：「你不用送我了，我自己回去就好。」

「你真的打算就這樣離去了嗎？」

我的心猛烈一跳，故作鎮定地說：「怎麼了？」

他指指我正在披著的外套。

「喔⋯⋯忘記了。」我羞紅了臉，同時把外套脫下還給他。

「我走了，回家再WhatsApp你吧！」我說後便轉身離去。

「那個⋯⋯」他支支吾吾。

我停下了腳步，回頭疑惑地看著他。

他沉思了一會兒，然後對我說：「我在門外聽到了。」

（待續⋯⋯）

Sex Partner 之暗巷裡的性愛

我與他四目交投，空氣中瀰漫著曖昧的氛圍。

我裝傻充愣地問道：「聽到什麼？」

「我聽到了你的呻吟聲。」他的嘴角向上揚。

我的呻吟聲，被聽見了嗎？

既然他把廁所裡的動靜聽得一清二楚，大可以裝作沒聽見就好，又何必向我明說呢？這當中的原因，大家也心裡有數。

「你應該是聽錯吧？」我表面仍是一臉平靜地回應著。

「可是，我並不這麼以為喔。」他繼續面帶著微笑。

「那，你覺得呢？」我已壓抑不住自己的衝動——一種把他當成獵物般狩獵的衝動。

　　每個人亦有各自的陰暗面，而我也不例外。我最喜歡挑戰與刺激，尤其是對方言談間不斷擺出一種「吃定我」的姿態，便會使我的好勝心瞬間被挑起，急不及待地想把劣勢扭轉過來。而且不按牌理出牌，也是我一貫的行事作風，總是讓人猜不透。

一旦道德與慾望之間的界線被衝破，便會形同火焰般，把我們一併吞噬。

「我想你告訴我原因。」

我走到他跟前，靠到他的耳邊說：「想知道嗎？自己來找答案呀⋯⋯」我調皮地眨眨眼，然後拉著他的手走進酒吧旁邊的無人小巷。

他表情略帶驚訝，似是十分意外我的主動。

已是深宵時分，寂靜的街道上渺無人煙，只偶爾出現數名從酒吧消遣後散去的人們，這條隱蔽的小巷更是僻靜，黑漆漆的巷子顯得格外陰森。我領著他繼續往裡面走，直至拐了彎後停在死胡同前。隔壁公園裡昏黃的街燈照亮了整個巷子的盡頭，才顯得這地方沒那麼陰森恐怖。

我把身體挨近他，蜻蜓點水式地輕吻著他的臉頰，然後逐漸移近至嘴唇，在即將吻上他嘴邊時我突然停住，抬頭問他：「你想要我嗎？」

他大聲地喘著氣，仍是沒正面回答我的問題，只是把雙手盤到我的腰上，繼續與我相互對視。

也許是在猶豫要不要繼續下去？還是想起了在家等他的女友？

不過與我何干呢？反正後悔也為時已晚。

我用熱切的眼神看著他，隨後把舌頭伸出掃過他那緊閉著的雙唇，恍似是在品嚐美味的甜點。我與他的身體緊貼著，柔軟的雙峰重重壓在他的胸膛，我逐漸把手移近他早已脹得鼓鼓的褲襠上，他身穿的緊身牛仔褲更使得他整個陰莖的形狀也顯露出來。

我用手指在他的褲襠上勾畫起陰莖的形狀，然後挑逗地問：「想，還是不想？」

「想……啊！」他話音剛落，我便在他龜頭的位置輕捏了一下，他隨即發出呻吟聲。

他的叫聲令我更加興奮，我退後了兩步，確保他的視線範圍內能清楚地看到我全身，然後便把乳罩上的肩帶向外拉下，再伸手進襯衫內把罩杯硬扯至胸下。勃起的乳頭再次頂著襯衫，當乳尖觸碰到襯衫的微涼面料時，我忍不住發出一聲呻吟。

「你不是想知道我在廁所裡幹什麼嗎？」不斷的摩擦使乳頭因刺激而變得更硬了，「這次你可以幫我啊……」

還未說完，他已失去理智大力地把我的襯衫扯開，整個乳房頓時暴露無遺。他用雙手搓揉我聳立著的雙峰，乳頭在他粗糙的掌心中變得更敏感了。我咬著下唇試圖不讓自己發出聲音，可是他卻更進一步地把臉埋在我的雙峰之中，然後把我的乳頭大口大口地吸啜著，期間不斷用牙齒輕磨，我發出了陣陣的嬌喘聲。

　　「快……快把……把褲子脫了！」他性急地催促著我，如像一秒亦不能再等，已完全被慾望衝昏頭腦的他，連說話也開始有點結巴。

　　我將褲子拉到腳邊，下身早已泛濫成災，內褲上全是透明黏液，陰道口不停有黏稠的液體從裡面流出，兩邊的大腿內側也同時沾上分泌液。

　　「怎麼可以這樣的濕……」他喃喃自語著，同時拉下褲襠上的拉鍊，掏出那已充血得發紫的陰莖，把它放到我的雙腿之間。

　　我隨即配合著他把雙腿夾緊，灼熱的陽具被包裹在我的外陰和大腿空隙之間磨蹭著，從陰道口裡排出的分泌，如變了潤滑液般直接滴落在他的陽具上，使他能更暢順地在我雙腿之間來回抽插。

　　陰蒂亦因受到他不斷的磨蹭刺激而變得脹大了起來，每一下的碰撞更使得飢渴的我逐漸接近高潮邊緣。

他用手把陰莖微微向上托，龜頭正正頂著我的陰道口，他用光滑的龜頭頂向我的陰道口，又故意吊我胃口般不把陰莖插入，似是在報復我剛剛對他的連番挑逗和引誘。這個舉動令我湧出了更多的愛液，陰道口不斷的張合透露出我對他的渴求，這一刻我只想被他完全填滿。

「插入去……」我感覺到陰道口正不斷重複地擴張收縮，渴望把他整根陰莖都給吞沒。

他喘著氣，壓低聲線說：「求我。」

我露出痛苦的表情，懇求著他：「求你插我，求你整根也插進去吧……啊！」

看到我如此的順從，他滿意地笑著說：「現在，數一、二、三！」

雖然不明白他的用意，但我還是照做了。此時此刻，我只想他填滿我的缺口、滿足我的慾望。

「一……」

他停下磨蹭的動作，把龜頭對準我的陰道口。

「二……嗯……」

然後只將龜頭的部分插進，我的身體不自覺地抖震著，感覺到陰道口把他插入的那一小節夾得緊實，我的下盤不斷地向前方擺動，想他再深入一點。

「……啊啊……啊！！！」

還未等我把「三」數出口，他已把龜頭抽出，隨即將整根陽具一頂而入，我的快感已到達巔峰，我盡情地放聲呻吟著。

　　他用雙手把我的雙腳夾緊，快速地前後抽插著，熾熱的陰莖完全被我濕潤的陰道緊緊包圍，我甚至還能夠清晰聽到插入過程中發出「吱——吱吱——」的水聲。

　　「嗯……好舒服……很多水……」他閉著雙眼一臉的享受，發出女人似般的呻吟聲。

　　然而他抽插的幅度慢慢變小，呼吸聲亦逐漸變得急促起來。

　　他準備射精了。

　　「啊……我要射了……」他把身子往後拉開，準備把陽具抽出來。

　　「噗滋」一聲，我緊抱著他不放，臉上痴態盡現地對他說：「把精液通通射進去吧。」

　　他一臉驚詫地瞪大眼睛看著我說：「不可以！不可以……射……射進去的……」然後一邊企圖推開我。

　　我比剛才抱得他還要更緊，然後用盡所有力氣把陰道的肌肉收縮，想把它的精液完全給榨出來。

　　「啊啊……啊……我真的不……不行了……要射……要射了！」強烈的愉悅感蓋過了理智，他放棄再把陰莖抽出。伴隨著一下猛烈的顫抖，一陣溫熱感從陰道深處蔓延開來。

於是就在這個晚上，我們確立了sex partner的關係。

（待續……）

Sex Partner 之最佳「啪」檔

　　我們確立sex partner的關係後，礙於現階段的他並不是單身，所以雙方也約法三章了不會干擾到彼此的私生活。亦因他正與女朋友同居的關係，為確保關係不會被發現，我們協議好在下班之後大家便重回各自的生活，避免在這段時間聯絡對方，以策安全。

　　或許這個不道德的關係只是曇眼雲煙，但這段瘋狂的回憶縱使相隔多年，仍能讓我回味無窮。

　　「激情到最後仍是會化為灰燼，藏於心底反倒可以歷久常新。」

　　那晚幾乎整夜也沒睡好，只要一閉上眼睛便會想起在巷子裡纏綿的景象，更引得我心癢難耐。一想到他昨夜的狂野、把我佔有的情景，便會使我的下體一緊，身體裡彷彿還殘留著他的餘溫。

　　第二天的一大清早我便出了門，提早一小時回到公司，因為我知道他每天都會提前上班處理文件。

　　而今天我也特意稍作打扮，畫上眼線以及塗了口紅。在衣著方面也相當用心，低胸的小背心再配上長身薄外套，下身便穿上緊身牛仔褲，將整個身體的曲線也表露無遺。

我回到公司時，Benson已在收銀櫃檯裡頭對著桌面上堆積如山的文件發愁。

「早晨！今天我早了回來囉！」我難掩興奮之情，親暱地從後面摟著他的頸。

「怎麼那麼早？」他摸摸我的額頭，溫柔地對我說：「昨晚喝完酒頭有痛嗎？」

「沒有痛呀，但是這裡還有點癢……」我指著下腹調皮地眨眼。

經過昨晚的「劇烈運動」後，我的大、小陰唇亦因劇烈的摩擦而略顯紅腫，但是我的性慾卻不減反增。

「要我幫你按摩一下嗎？」他壞笑著，同時把手伸向我的下體。

我捉著他的手，瞟了一眼上方的閉路電視，壓低聲線問：「CCTV有開嗎？」

「放心吧，還未開。我們還有一個小時的時間……」他不懷好意地看著我。

反正時間尚早，一般這個時段裡也不會有客人進來。而且收銀台的位置十分安全，位於整間店最角落的位置，並能夠清晰環視整個場地；加上前台特別的高身設計，使人不易看到收銀處裡面的環境。

我蹲下身子，拉開他褲子上的拉鍊。

他洞悉我的想法以後，原本仍是呈半軟狀態的陰莖急速地勃起。他把身體往後靠，倚著電腦椅的背墊，同時仍不忘保持警惕視察著環境。

看著他粗壯的陽具青筋盡現，我用舌頭舔著他從龜頭頂端流出的透明液體，是有點帶鹹卻又很色情的味道。

我吸著他的龜頭，然後再用舌尖輕撩著尖端的小孔。在重複幾次後，他便把我的頭往下按，將脹大的陽具頂到我的喉嚨位置。我開始感到吃力，強忍著想吐的感覺。

突然，外面傳出了腳步聲。

「歡……歡迎光臨！」他驚惶失措地對外打著招呼，誰也沒想到這個時候竟有客人到來。

一把女士的聲音問道：「請問開門了嗎？」

「對的，請隨便看！」他邊說邊做手勢叫我立刻起來。

可是，怎麼辦？我還不想停下來呢。

我把食指放上嘴邊示意他不要發出聲音，然後便將他的陰莖整根含住不斷上下擺動，時而吸緊、時而放鬆。

強烈的性刺激使龜頭分泌出很多像水一樣的液體，我吃得津津有味。

他看著我微張著口，但卻不能發出任何聲音，他大口大口地吸著氣，嘗試壓低自己喘氣的聲量。

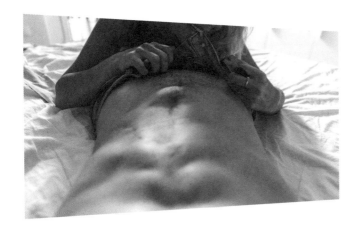

　　「糟了……糟了……」電腦椅的滑輪不斷向後移，我繼續追著他不容許他移開半步。

　　看到他再也按捺不住，我放任讓他硬硼硼的陰莖直頂我的喉嚨處，然後用力吸實他的陽具不漏出一點空氣。他將雙手插進我的髮絲，再把我的頭用力往下壓，直到精液全數噴射至我的喉嚨裡。

　　「咳……咳咳……」我被嗆得透不過氣。

　　「請問這個有現貨嗎？」那個女人問道。

　　他把紙巾遞給我後便匆忙趕過去。

　　我把精液吐到紙巾上，然後靜悄悄地溜進廁所去。

　　「早晨Amelia！」June對著我單眼。

　　June是這間公司的資深Part-time，平均一星期可以見到她三四天。她的性格十分爽朗直率，而我和她也有著不少共同話題。

「我還以為你今天放假呢！」我從廁所抽完煙出來，口裡除了淡淡的煙草味以外，喉嚨裡還有精液所殘留的腥味。

我看了一眼Benson，他還在招呼著剛才那位客人。

「叮噹——」隨著門外的感應器響起，幾名客人陸續走進店裡。

「歡迎光臨！」我笑意盈盈地迎了上去。

來到中午時分，June在收銀櫃檯裡吃著午飯，而Benson則坐在對面的桌子上讀著文件。

我有一個主意。

「June你先吃飯吧！不用等我，我先去洗一洗掃帚！」說後便拿起被放置在一旁的掃帚。

「喔好！」她回答我一聲後，便低下頭繼續吃飯和玩手機。

在經過Benson旁邊時，我悄悄在他耳邊說：「看好囉。」然後便走進廁所，打開了水龍頭任由它潺潺而流。

June、Benson和我，現在對立成了一個三角形的格局，收銀的前台完全遮擋著June的視線，即使她抬起頭往外面看，也絕不會看得到廁所裡面的動靜。

簡單點來說，Benson能夠同時看得到我和June，但我和她的位置卻又彼此也看不到大家。

他目不轉睛地看著我的一舉一動，我把背心連同乳罩從衣領往下拉，嫩白的乳房瞬即整個彈了出來，然後我用指頭按著圓圓凸起的乳頭開始打圈搓揉。

然後再把褲子脫到小腿上的位置，我把雙腳張開、用雙手把微微隆起的小陰唇向外翻出，愛液從陰道口湧出來，黏稠成絲狀滴落在我的內褲上。

他一臉詫異地看著我的舉動，深深吸了一口氣。

「Amelia你還未洗完嗎？飯就要涼了！」June從收銀處大聲呼喊著。

「我還未洗完呢……」我回應著June，同時一臉渴求地看著Benson。

他別過了頭看著June的方向問道：「你吃完了嗎？」

「差不多了！」她回應著。

「那我先去廁所抽根煙。」

然後便起身向著我的方向走來……

（待續……）

Sex Partner 之禁聲高潮

「呼——」的一聲，他把廁所門關上。

雙腿正打開著的我此刻痴態盡現，黏液還在持續不停地落下。

他把手伸到陰部的下方，用手心兜起我滴落的黏液絲，只見黏稠的分泌沿著小陰唇的邊緣緩緩地落到他的掌心中。隨後他把佈滿黏液的手掌輕拍著我的陰部，連續的拍打使得陰蒂逐漸地充血發脹，變得如豆子般大。

他把我整個人抱起到洗手盆上，低聲地說：「怎麼一大清早便能濕成這樣……」他一邊說著，一邊用手指在小陰唇的間隙中上下磨蹭，慾望之火再次被點燃起來。

「可是，我想要這個……」我用手撫摸他那脹鼓鼓的褲檔，然後作勢要將鍊子拉下。

「但你要答應我不可以發出聲音呢，June還在外面……」說罷，他同時把硬嘣嘣的陰莖掏了出來。

打開的雙腿使我能更清晰地看到私密處的大特寫，親眼目睹他如何用陰莖在我的身體上擺弄，給我帶來了極大的視覺衝擊。他用龜頭磨蹭著我的陰蒂，將彼此的分泌物結合成一體，顏色也由原本的透明液體變成了白色的乳液狀。

然後他用龜頭微微頂著我的陰道口，略見紅腫的小陰唇馬上像個貪婪的小嘴般把龜頭尖端吸得緊緊。

「啊……嘶！」他情不自禁地低吟了一聲，「好緊……像你的小嘴一樣也讓我受不了……」然後用相當小的幅度擺動著，享受被陰唇緊緊吸啜的感覺。

隨後他將陰莖再插深了一點，但就在我逐漸開始有快感的時候，卻又立即把陰莖給抽出。正當一陣強烈的空虛感襲來時，下一秒他又再次把我的空洞感填滿，而且比剛才插得還要更深了。

他用龜頭塞著我的陰道口，卻也阻擋不住我的黏液傾瀉而出，不斷地發出「噗滋噗滋——」的聲音。

「數一二三吧……」他重複著昨晚的對白，對於他這種套路已經心裡有底的我，決不會再被他「突襲」成功。

我開始數著……

「一……」

「啊！」我幾乎是在大叫著，只數了第一聲他便已將陰莖整根插入。他立刻用手捂住我的嘴，然後下體不斷急速地來回抽動。

也許是與昨夜的體位不同，這次他每一下的插入也直頂至陰道深處。我竭力咬住下唇才勉強地抑制到自己不發出半點聲音。

我隱約聽見從外面傳來了對話聲。

「只有一門之隔的距離，絕不可以發出聲音的……」

這個想法不斷在我腦海中盤旋，但奇怪的是我竟然為此感到興奮不已。

「如果被人聽到怎麼辦？」

「被別人知道我在這裡幹著如此淫蕩的事……」

我張開嘴發出急促的喘息聲，可就在臨近高潮之際，他突然改變了律動的節奏，先是快速的短插數下，隨後便用力地一下頂到陰道盡頭。

他用雙手把我的大腿往後壓，雙腿幾乎能碰到後面的磚牆。我看著自己的身體被壓至呈現出奇怪的姿勢，恍似成了他的專屬肉便器。看著他如此瘋狂地抽插著我，子宮頸也被頂得漸有快感，準備在下一秒便釋放出來……

他更用力地捂實我的嘴，瘋狂地用盡全力插到深處，我腦海瞬間變成一片空白。我們緊抱著彼此的同時，身體也在顫抖著，一起到達了巔峰。

我打開門，只見場內分別聚集了數台客人，當我和Benson一起步出廁所時，客人們亦不約而同地看著我們。

在一眾不尋常的注視當中，我察覺到June也正用異樣的表情看向我，可是在剎那間又回復原狀，繼續轉身與客人對話。

她是知道了嗎？但是對於我來說，也沒多大的關係吧。

白漿從陰道裡慢慢流出來。

我大步向著前方客人走去，沾滿精液的內褲正在與外陰摩擦著……

這種感覺，真的好幸福啊……

ADULT
TOYS

CHAPTER 4

談 情 說 性

Staycation VS Sexcation

還記得在疫情之前,那時香港還未開始興起「Staycation」的熱潮,如果向外人說「今晚去酒店休息。」或「聽日book咗間新酒店度假。」很有可能馬上便被回敬一句:「你爆房就爆房喇!懶高級!」但現在情況就不同了,就算和家人說:「媽,我今晚同男朋友去Staycation喇!」她大概也會回你說:「玩得開心啲喇!」

這就是包裝的重要性。

Staycation是由「Stay」加「Vacation」這兩個字組合而成,亦可解作「stay at home vacation」,顧名思義,即是在家度假或稱之為「宅度假」。至2020年疫症爆發後,這種不出國的度假方式瞬間在香港掀起熱潮,幾乎每個週末總會聽到有朋友說:「xxx酒店出咗個好抵嘅staycation plan又可以in room dining……」,「嚟緊book咗xxx酒店個business suite……」

究竟香港人熱愛旅行的程度有多瘋狂?

即使只有三日二夜的短假期仍堅持「近近地」飛轉台灣,為的就是想從現實生活中短暫抽離一下;如果是四日三夜已足夠極速飛轉日本,分秒必爭地為只有四天的旅途plan好滿滿日程,即使行程緊湊得嚇人更可能「辛苦過返工」,但至少比留在香港日夜只帶著軀殼、麻木地「生存」的感覺好多了。

言歸正傳，那什麼是「Sexcation」？

沒其他意思，就是字面上的意思。將一切瑣事都放低，集中專注於彼此，然後瘋狂地做愛，和瘋狂地做愛，還有瘋狂地做愛！

Sexcation更間接為情趣用品店增添不少生意，除了購買性玩具之餘，一堆有關催情或輕口類別的週邊產品如：浴鹽、香薰蠟燭或按摩油等等，銷量更是大大地增加。而且香港地少人多，分分鐘一家老小都是蝸居於一間幾百呎的屋，如非與伴侶二人同居的話，恐怕也很難在家中「大玩特玩」吧⋯⋯

想有一個難忘的Sexcation體驗，房型和房間內的配套便至關重要了！

1. 浴缸

有一個寬敞舒適、容納到二人的浴缸，絕對是最基本！兩個人拿著香檳坐在浴缸內把歌談心，再一個不小心來個鴛鴦戲水⋯⋯嘻嘻，然後你懂的！

2.辦公桌

桌子幾乎是每間酒店必備的，但有一些酒店設置是長身、比較正式的辦公桌，隨時可以角色扮演上演「總裁VS女秘書」的辦公室偷情戲碼。但相比起倚在桌邊進行「狗仔式」，我覺得還是將女伴整個抱上桌子，而男方則站立著的體位更為吸引……

3.全身鏡

有全身鏡絕對馬上加分！將伴侶帶到鏡子面前，無論是在愛撫的時候，還是後入式都可以令雙方看清自己享受的樣子……恥感度100%UP！

4.落地玻璃＋無敵大海景

絕對是turn on指數榜首冠軍！與伴侶一起俯瞰海景的同時，將她身體壓至窗邊……若是面向城景，望向人來人往的街道刺激度更高！但也要小心被偷拍喔……

別等了！就在這個週末和你的伴侶度過一個熱情如火、狂野奔放的Staycation Sexcation吧！

Work from Home 趣聞

　　這次疫情為全球帶來了莫人影響，除帶動了上文提及到的Staycation文化，促進本土酒店業發展以外，連帶也為我們的工作、學習方式帶來了全面嶄新的改革。由原本的辦公室轉戰到網絡媒體，有部分的打工族更已開始改為在家上班，即WFH（work from home）。

　　在疫情之前，work from home對我們來說簡直是天方夜譚，在家工作還有人工出可以袋袋平安？若原本不是從事如Freelancer、作家等的特定職業，只能奉勸大家一句沒事就乖乖早點睡吧。

　　然而WFH只是改變了工作地點，工作的本質還是不會改變，但至少可以安坐在家工作，不用每天提早兩三小時起床拼盡老命趕出門、去逼地鐵，未回到公司卻已一臉疲態。甚至還可以去到最後一刻先打開電腦，準時「扮工」，其實感覺還是挺不錯的。

　　Anyway，無論WFH聽著有多麼休閒愜意也好，這些機會始終都不屬於我這種「Sales屎仔」。而我只有SAH，失業了便可以長期「stay at home」了。

無論你是WFH的打工仔，還是留在家中上課的學生，對Zoom都不會感到陌生，它已被廣泛地用於遙距教學、工作會議和人際社交方面。亦因這波疫情的關係，更加奠定了Zoom在網絡媒體上的重要地位。除了公司會議，學校更提倡以Zoom作為指定教學媒體，可見其使用率的廣泛程度已遍布了世界各地。

自從有了Zoom以後，間中在網上也會聽到不少有趣的「蝦碌事」，例如在會議完結後忘記關掉視頻，在眾目睽睽之下脫了褲子；亦有一段影片是講述一班學生在上課時，有人忘記把麥克風關上，結果在座所有人都一起聽到從那位同學裡頭所傳出的呻吟聲。

還有這個是最經典的，在一個公司的會議進行期間，有一名男同事「以為」自己已經關上了視像與麥克風，當同事們還在你一言我一語地討論時，卻從鏡頭中看到男同事正望著屏幕露出「謎一般的表情」。只見他從旁邊抽出數張紙巾後，隨即把褲子脫下來幹著不可描述的事情……而會議上的同事都親眼目睹著整個過程，有的已笑得人仰馬翻，有的則被眼前畫面驚得說不出話來。那段影片看得我也尷尬癌發作，想像不到那位男同事以後怎樣回公司面對眾人了……

大概是愛情動作片看太多的關係吧，我總是在想，現實生活中真的會有人幹這種事嗎？

喔，一問之下才知道原來是真有其事……

Janet與男友目前是二人同居的狀態，他們也是在同一間公司裡工作，但各自隸屬於不同部門。在疫情開始的幾個月後，便接到公司通知會暫時改為work from home，直至到另行通知。

　　有一次，Janet正在開視像會議時，看到遠處還軟癱在床上的男友——Mic在對著她露出壞笑。

　　「叮——叮——」她的手機響起了，嚇得她驚惶失措，馬上把電話轉設為靜音。要知道，在公司會議期間，大家都是打開著視像鏡頭和麥克風的。

　　她看了看手機屏幕，「WhatsApp Messenger傳來一則新通知」，隨即點開——是Mic。

　　「我看到你的小內褲了喔；）」Janet才驚覺自己下身還是穿著睡裙，意識到後立即把雙腿合實。雖然是WFH，但因為視像鏡頭只會攝錄到上半身的位置，所以每次開會時她都只是隨便束起頭髮，穿上襯衫便作罷。

　　看著Mic一臉得戚的模樣，她心裡暗暗打起了壞主意，心想：就讓我作弄你一下……

　　她重新打開了雙腿，而且比之前撐得還要更開，看到他已重新低頭玩著手機，於是便發了則短訊給他——

　　「Look at me bae. I am so horny right now...」字裡行間也在挑逗著他。

　　「叮——叮——」Mic看到信息後猛然從床上彈了起來，望向她。

她忍不住咯咯一笑。

「Janet？你還好嗎？」耳機中傳來同事的慰問。

「咳咳……」她佯裝著幾聲咳嗽，說：「沒什麼，今天有些不舒服，很抱歉。」隨便找個理由便搪塞了過去。

只見Mic露出了幸災樂禍的笑容。

「好呀，你有種。」Janet心裡暗道，於是她把心一橫，用手將內褲拉至一邊，將整個外陰完全暴露在他眼前。Mic被她引誘得坐立難安，盤起了雙手，似是等待著她下一步的舉動。

她用手指輕輕在陰蒂上拍了幾下，再慢慢地順時針打轉著，如此刺激的情景已瞬間令她開始濕潤起來，黏液不斷從陰道滲出。

同一時間Mic站起了身，往她的方向走去，坐到前方的梳化上，饒有趣味地看著她的一舉一動。

Janet順著勢把陰道口的黏液撩出來，看向自己的下方，只見雙指佈滿了透明狀的黏液，隨著她手指的轉動開始變成了拉絲狀。她似笑非笑地看著Mic，表情像在說：「你忍得住嗎？」

只見Mic的褲襠上瞬間搭起了帳篷，他隨即把褲頭給拉了下來，整根陰莖瞬間被彈了出來，只見他已處於極度亢奮的狀態，勃起的陰莖幾乎貼到了肚臍上。

「今天的會議到此為止，待會Janet打好了協議書就會email給各位同事，就這樣吧。Bye guys！」耳機裡再次傳出聲音。

什麼？什麼協議書？！

「Ok, bye guys!」

「Bye everyone!」

「Bye bye!」

未等她反應過來，同事們已紛紛離開了會議。

嗯，還是先不管了。

她一邊解開襯衫上的鈕扣，一邊向著梳化上的他走去……

《格雷的五十道陰影》
之淺談 BDSM

至早幾年以SM作題材的電影《格雷的五十道陰影》上映後，相信大家都對BDSM一詞不感到陌生。電影《格雷》中的霸道總裁與記者因一次採訪後互生愛慕之情，繼而便是女主角如何飛上枝頭變鳳凰的經典劇情。談及《格雷》，大家不約而同地感到深刻的場境，必定包括男主角的大型私人SM房吧！神秘的紅色房間，陳列著各式各樣的刑具，男女主角之間令人血脈賁張的激情互動更使觀眾看得心跳加速、欲罷不能！

《格雷》上映後瞬即風靡全球，打破了多個票房紀錄並獲得相當不錯佳績。電影新穎的題材亦在網絡上引起了廣泛的討論，雖然口碑好壞參半，但無可否認的是這套電影的確為字母圈帶來了點變化，亦令更多人開始想對BDSM有更進一步的了解，甚至躍躍欲試！更意外地為情趣用品店帶來了不少生意，一些SM套裝、手腳扣、眼罩等等，一上架便被掃個精光！

以下為大家簡單介紹一下——

BDSM 的含義：

BDSM的範疇十分廣，但大致上仍可分為：

BD：綁縛與調教

DS：支配與臣服

SM：性虐戀

小知識：

* 經精神學家研究結果顯示，BDSM並不屬於任何精神疾病，其進行是基於雙方同意，亦不造成任何心理／生理痛苦為前提，自願性的施虐／受虐行為不再被視為精神疾病。

* 性虐待／性暴力和BDSM絕不能混為一談，前者是單方面的施虐，令他人造成心理／生理的創傷；而後者是經雙方同意，並在以歡悅為目的情況下進行。

* 可以不包含任何形式的性行為。

* 不一定牽涉痛感，如當中的支配與臣服便可在沒有痛感下實踐。

BDSM 涉及的安全問題：

* **切記「SSC」**——Safe安全、Sane理性、Consensual知情同意。

* **雙方會設置安全詞（Safe Word）**，例如：
  「**RED**」：立刻停止一切行為／活動。
  「**YELLOW**」：可以繼續，但目前的活動節奏／力度對我稍強，需要放緩一點。
  「**GREEN**」：一切如常，可以繼續進行。

以上是建議的安全詞，其實也沒什麼硬性的規定，你可以按雙方意願自行設定Safe Word，但需要注意的是，千萬不要將「停」、「好痛」、「唔好」這些有點模棱兩可的字眼用作安全詞。就正如有時我們叫「停！」但卻又不是真的想對方停下來；我們叫「唔好！」卻心裡又想對方更進一步。

所以當對方聽到這些字眼時，會想「究竟是要停？還是可繼續？」為了避免這種情況，請一定要把安全詞設為與性愛／情趣無關的字眼。

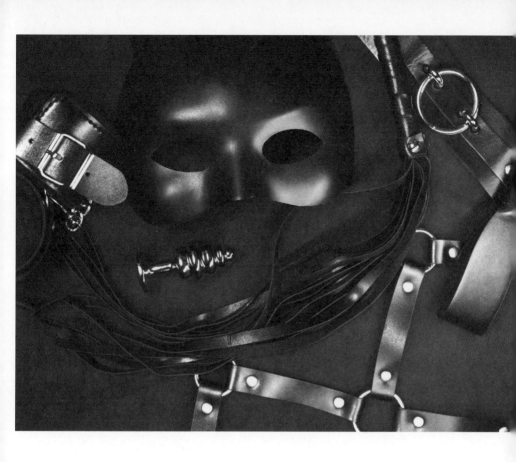

我對 BDSM 很有興趣，但我不知道自己的喜好和在其中所擔當的角色？

真的要推薦一下這個實用性相當高的網站！我也曾經在這網站做過BDSM Test，result的準確度十分高！而且更協助我打開了其他調教項目的新世界大門！還讓我瞭解了一些自己的潛在喜好（連我自己也沒想過），建議大家有時間也來做做！

BDSM 測試 >>>>>https://bdsmtest.org

原味內衣

「有售原味底褲，有興趣請哥哥們dm查詢喔！」

最近在某知名社交平台上不斷看到有人公然售賣標榜著「原汁原味」、「有味有漬」等等各類型的貼身用品，上至胸圍，下至絲襪亦各有其市場。實在令人腦洞大開、嘆為觀止！除了佩服大家的商業頭腦，更加令我感詫異的是原來二手市場遠比我想像中更受歡迎，market大得猶如supermarket！

有部分帳戶清楚地列明收費：

內褲$250 + 淫水$100 + 1天另加$100

襪子$180/絲襪$200 + 1天另加$50

只有少部分賣家會接受面交，更多的是以郵寄的方式取替。當然，作為賣家，亦需要保障自身安全，始終在交收時會面對素未謀面的陌生客人，怎樣也要有點危機意識。

既然有供有求，亦算是靠「自身努力」去拼搏的一種，細想下其實亦並無不妥。

但若然，賣家「違反商品說明條例」呢——例如，你有沒有想過，對方，其實是一個男人？

曾經遇過一位男客人A，平均一星期會見到他兩、三天，每次來店裡都會選購一堆絲襪、T-BACK。當然也十分好奇他為什麼會來得如此頻密，除了羨慕他性福美滿以外，也不排除他是攝影師的可能。雖然十分想「八卦」一下，但又不想顯得太過唐突，所以最後還是壓抑著自己的好奇心。

　　情況一直持續了兩個多月，我和A也逐漸變得熟絡起來，間中亦會閒話家常，終於有一天我再也禁不住好奇心，試探地問：「為什麼你總是需要買這麼多內衣褲？」

　　他捂著半邊嘴在偷笑，小聲地在我耳邊說：「這是我的小秘密，也是我的一門大生意！因為我把內衣穿過後，會再轉賣給客人⋯⋯」

　　「吓？！」我瞪大雙眼，「你嗎？？？不會吧！」我一臉難以置信。

　　「來，不信我給你看。」他拿起手機打開應用程式後遞給我。

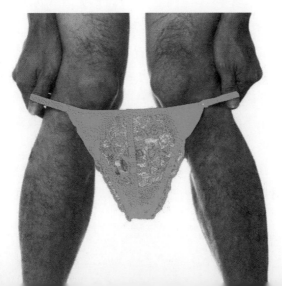

我拿著手機一看，頭像是一對修長白滑的超美長腿。再仔細向下看，全都是「谷胸」、「腿張開」的淫慾自拍照，每張圖都配上令人想入非非的字句……

「濕了很想要～」

「今天做了整天運動，人家全都是汗喇～」

「上班焗了8個鐘的絲襪有人想要嗎～」

原來A不斷從18+討論區裡偷圖，將身型看起來差不多的性感照片截圖，Blur了一些不太相似的位置，再於其他社交平台上開假帳戶偽裝著自己是照片本人，當中更不忘混入一些生活照，務求令真實感更加逼真。

「雖然相是假的，但味道是真的。」

所有的內衣褲都是A每天身水身汗煉製而成的「製成品」，而內褲上隱約可見帶黃的白帶漬，是射上了精液後放置兩天的「終極殺手鐧」，更是長居榜首的人氣銷量冠軍……

最後奉勸大家一句：「色字頭上一把刀，別賠了夫人又折兵。」祝大家可以幸運地遇上好賣家……

想分享一下因這篇文章而起的一場小風波，我當初撰寫好了這篇文章後，同時也將文章發佈到文中所提到的「知名社交平台」上。在不到三小時的時間我發現文章被不尋常地大量轉發，然後第二天便發現自己的帳號被檢舉而且永久封號了。而

原因正是「原味內衣」的文章遭到控訴觸犯了「涉及色情、出現攻擊詆毀性言論」以上條例。

坦白說，我的心情是複雜的，同時卻又十分氣憤。我的文章雖然是有提及關於性的話題，但：第一，我並沒有展示任何裸露或意淫照片；第二，我亦沒有在言論當中猥褻、騷擾他人；第三，我不是賣淫，或列明價格與別人發生性行為。

若然文章是因為涉及色情成分而被禁止出現在這個平台上，就當我可以理解，但是為何那些為自己標上價格的人卻可大搖大擺地在平台上橫行？我不理解，真的理解不能。

幾天以後我終於想通了，被封號的原因大概是因為我的故事影響到二手內衣賣家的「清譽」而被大量的惡意檢舉吧。

雖然帳號被封了，以往的文章也全被刪除了，但我還是會堅持寫下去的，因為這是我真正所熱愛的事。

戀襪癖

　　戀襪——是戀物癖的一種。

　　在前面文章〈原味內衣〉裡，有提及我曾經遇上過一位「商業奇才」，在網絡上以美女作包裝的假身份，把自己穿過的二手內衣發放到社交平台上公開售賣。

　　那麼他是屬於戀物癖嗎？

　　在與他的對話當中，得知他的出發點其實是以賺錢為目的，即使身穿女性內衣物，但也沒有為他帶來額外的性興奮，其穿著的用意只不過是為了提高真實感而已，所以正確來說他並不算是一個戀物癖好者。

　　戀物癖的「物」除了意指死物，如戀內衣物、戀皮革、戀鞋或戀屍癖等等，痴迷於非主要性器官的其他身體部位也可稱之為戀物癖，常見如戀足、戀手。「物」也可指行為上的舉動，例如露體、偷窺。

　　而在此值得一說的是戀腳癖，我想起過往曾看到的一段新聞，內容大概是：一名女子每天工作就是待在家中，為她的「足控粉」拍攝一堆足部寫真集。而且她亦有分享到，有些客人會要求她在腳趾上戴上珠寶、飾物，裝扮過後在鏡頭前擺弄予人「供賞」；有些粉絲更會提出一些古怪離奇的要求，例如將腳踩在排

泄物上、赤腳踩汽水罐，這些對旁人來說很難以理解的舉動，對他們卻有著獨特的吸引力，令他們為之瘋狂。

這次的故事便是以戀襪癖為題，戀襪與戀足看似一樣，但細分下卻又有著不同。

對Travis來說，即使雙腳有多修長白滑他亦不為之所動。因為他真正喜歡的——是散發著汗臭味的襪子。

自他14歲起便知道自己有著與普通人不一樣的性癖好。那時候正值青春期的他，有著旺盛的精力，對性這個神秘領域充滿著好奇心。在一次偶然情況下，瀏覽某知名成人網頁時發現了一種嶄新的自慰方式：將棉花塞進襪子內，然後用BB油平均塗抹在陽具上再進行抽插，簡直如同一個「小型飛機杯」。

這種就地取材、低成本的方法瞬即令他躍躍欲試。於是急切地想知道效果的他，立刻動身在家中收集材料。先去浴室找到了棉花和BB油，然後脫下了正穿著的那一雙襪子。就這樣，他製作了他人生中第一個自慰杯。

事不宜遲，他回到房間便馬上按照「大神們」的建議站在床邊，把製成品放置床上後再用枕頭壓在上方，據聞是為了增加插入時的壓迫感和模擬男上女下的體位。

他隨即點開了AV跳轉到最喜愛的情境：男主角快速瘋狂地抽插著被他死死壓在身下的女優，女主她被弄得嬌喘連連，雙手抓著床單不斷求饒。此時鏡頭給了一個陰部大特寫，看到女主的

淫水正不斷流出。

看到此情此景他再也按捺不住，把自己硬得發脹的陽具插進了襪子，然後模仿男主角的搖擺幅度，幻想自己正抽插著女主。強大的視覺和生理衝擊令他很快便有了想射精的感覺，他整個上半身伏在枕頭上，口中不斷地發出呻吟。因為怕聲音會驚動到房外的家人，便隨手從地下拿起了另一隻襪子放入口中咬實，強壓著自己的呻吟聲。

正咬著襪子的他，聞到了一陣酸得發臭的味道，正是他上學穿了一整天累積下來的汗臭味！但此時的他非但不覺得噁心，反而這種臭得作嘔的味道令他更加興奮了！好像有把聲音不斷在他腦海中徘徊：「你真是個變態呀……」「聞著自己的味道，會很興奮嗎？」「像狗一樣地吃著自己的味道吧！」很變態……真的很……變態……

「啊！……啊……啊啊……」他高潮了。

自那一天以後，他便習慣將每天用過的襪子儲到一星期後才洗，為的就是那像極了嘔吐物的酸臭味……

而這個習慣，亦一直維持到現今……

露體狂魔

14歲的那年,是我人生中第一次遇到露體狂。

小時候,每週星期六我都會和家人去探望居於沙田的親戚。這天下午我如常地和家人、表弟妹去了附近商場飲茶閒逛。

在吃到中段時,我攜著表弟妹去了隔壁的遊樂場,這間遊樂場的面積並不算太大,基本上站在門口一看,內裡架構已經一覽無遺。除了商場的正門入口,另一端便是通往停車場的後門。

當時我和表妹正在靠近後門的位置轉扭蛋機。但就在此時,我注意到有位身穿大衣外套的男人不斷地在我們附近徘徊,並眼神鬼祟地四處張望,就像在尋找些什麼。剛開始的時候我並沒有太放在心上,覺得他可能是在找自己的小孩吧,始終在假日時間一家人外出遊玩也是人之常情。於是我不以為然,低下頭繼續陪伴表妹轉扭蛋機。

但這期間,陌生男子還是不斷地在我們身邊來回踱步,我意識到事情不太尋常便立馬警惕了起來,用眼尾餘光打量著他,留意他的一舉一動。

此時有人從後拍了拍我的肩膀,說:「看看這裡。」我和

表妹同一時間回頭看，那個陌生男子正面目猙獰地笑，說後竟打開了身穿的大衣！大衣裡全真空，赤裸裸的男性身軀展露在我們眼前。

「呀！」表妹大叫一聲後馬上用雙手掩住了眼睛，我亦被眼前的畫面嚇到。怔了一怔後，壓抑著害怕的情緒，平靜地說：「咁細唔好拎出嚟獻世喇。」我由一開始的警惕變成滿腔憤怒，惡狠狠地瞪著他。

相信已是慣犯的他，沒有預計到這樣的說話會從一個小女生的口中說出，他一臉不可置信，神色慌張地合上大衣馬上轉身從後門跑走。

「做乜嘢呀你？！喂你咪走！」我一邊大聲吆喝著，一邊追趕著面前被我嚇得落荒而逃的男人。追出門口後，發現他逃去的轉角位置是後樓梯，當然由於我是一個女生的關係，也沒心大到單槍匹馬繼續追下去。

事後我們報了警，在家人的陪伴下我去了警署錄口供，事情就至此暫告一段落了，而遺憾的是最後沒有捉到犯人，給他逃掉了。不過值得一說的是，錄口供時警方對我當下的反應和對答嘖嘖稱奇，很佩服我的勇氣。

　　但，其實不怕才怪喇！

　　只是這些專門挑小孩下手的人，其實也沒有多大的膽量真的敢幹出什麼大事，這種人大多數在現實生活當中都是偏自卑，只敢欺壓婦孺、欺善怕惡。

　　遇到這種事當下最重要的是穩住心，冷靜應對、大聲呼叫求助，請求身邊路人協助！千萬千萬不要逞強或刻意說話去惹怒對方（其實我這個是反面教材），因為你永遠不知道對方是什麼底細，若然惹得對方惱羞成怒，後果就不堪設想了。

前男友的秘密

前年平安夜的晚上，在接近打烊時分，我遇到了一位令我畢生難忘的女生。她看起來和我年齡相若，有著漂亮的黑色長髮，穿著一身白色長裙，渾身散發著知性的氣質。但沒料到的是她有著一段不為人知的經歷……那天晚上，我和她聊了很久很久。令我感到難忘的原因，是她對我訴說關於她和前男友的一段往事——

在我與前任男友同居的第四年，因為工作的關係，我經常早出晚歸，加班至很晚才回家。有很多時候，回到家中已是晚上11或12時。那天因為要預早準備第二天的文件，所以便提早了下班。而且當天碰巧也是男友的假期，便打算給他一個小驚喜，為他準備一個燭光晚餐。

在附近逛逛後回到家門口，我停在玄關前，放下一大袋從超級市場買回來的食品，然後掏出鎖匙開門。

「咔嚓——」把門打開後，我怔住了。

「啊啊啊！啊……」我聽見從睡房門內傳來了女人的呻吟聲！那一刻我的心彷彿靜止了，思緒一片混亂。腦海中浮現了無數個問題——

「她是誰？」

「我被背叛了嗎？」

「我要躲起來嗎？」

「怎麼辦？」

經過一番深思熟慮，我放輕動作關上大門，然後飛快地躲進大門旁的廁所裡，心中暗下決心：老娘就先躲起來，我一定要你們這對狗男女很難看！但正在我心裡想著如何撕下他的假面具時，一句說話打斷了我——

「OH YES！Fuck me Daddy！」

哎？不對！這標準歐美式黃腔⋯⋯

我「噗」一聲竊笑了起來，心想這次誤會大了！反應過來後，我馬上躡手躡腳、連滾帶爬衝出了大門。收拾了一下心情後，我裝作若無其事地捧回散落在地面的大包小包。

「叮噹——」我按下門鈴。

等了將近一分鐘。

「咔嚓！」一聲，門打開了。

只見他神色慌張地說：「我剛剛在上廁所，為什麼今天這麼早？！」

我強忍著笑意，神情自若地說：「對呀，還買了晚餐呢，你先休息一下吧，我準備好再叫你！不說了，我先去換衣服！」說罷，我便拋下一臉茫然的他，逕自走進睡房。

他會看什麼類型的黃片？是怎樣的女生會吸引著他？

在好奇心驅使下，我站到了電腦前，點進了瀏覽紀錄。但那刻，我再也笑不出來了。

我從未想過真相，竟是如此不堪入目——

「Young little girl vaginal fuck」

「CP porn」

「Fuck with baby girl」

我的男朋友，竟是個不折不扣的戀童癖好者。

當天之後，我便向他提出了分手。直到現在他都不知道分手的原因是因為我發現了他的小秘密……

我被她的故事深深震撼了，從來沒想過戀童癖跟我們的距離這麼接近。

他可能隱身在我們當中，他可以是你平易近人的同事，可以是與你稱兄道弟的好朋友，可以是每天和你打招呼的友善鄰居，亦可以是……每天與你朝夕相對、同床共枕的伴侶。

你瞭解的他，是真實的他嗎？

毒海浮沉之禁室培慾

　　「人不輕狂枉少年」，年少時我們總不免做過許多蠢事，錯把年輕的資本當作了自我放縱的藉口，傷害了愛你的人，還把自己弄得遍體鱗傷。

　　Tessa便是個過來人，我認識她已是後來的事，現在她已是一位婚姻美滿的幸福人妻，有對她的一切都呵護備至的男人，生下了兩個精靈可愛的小孩。

　　為什麼要先特別強調她的近況？因為她的故事真的令我十分心寒，心痛得我幾乎要不斷提醒著自己：現在的她已經很幸福，那些只是過去。我才能勉強聽完她的故事……

　　以下便是她的自述。

　　事情要由我決定輟學時說起，那時候的我是個典型的叛逆少女，不只荒廢學業，還常常在外面打架生事。但因為缺錢的關係，在別無選擇下找到了一份Part-time的工作，於是便遇上了那個他。

　　他是部門總經理，雖然身位高職，但卻完全沒有架子，待人友善而且容易相處，有時下班後也會和一班同事去卡拉OK裡

消遣。像他這樣成熟又有魅力的男人，固然少不免引來很多女同事的愛慕。

而我，也是其中一個。

在一次聚會上，我壯著膽子向他表白，令我意想不到的是，他居然接受了。

「老牛吃嫩草」、「想飛上枝頭變鳳凰」，這些刺耳的說話，在公開戀情時已經聽到不少。在所有人眼中，我們就是注定不會有結果的忘年戀。無論在事業、生活、經濟能力上，都截然是兩個不同的世界，但正正就是這種距離感，使我更崇拜他、仰慕他，而且陷入得更深。

開始和他戀愛後沒多久，我便辭了職，專心在他家中當個「少奶奶」。而且重色輕友的我，在這段日子裡我是近乎「斷

六親」，朋友找我也藉故推搪，我的世界彷彿只有他。

每天滿心期待他回到家中，與我一起享受二人世界，一起看電影、一起吃宵夜，如一對幸福的新婚夫婦。

然而甜蜜的時光只維持了三個月，事情後續的發展卻完全變了調。

一個晚上，我們如常地一邊吃宵夜，一邊喝著酒。他卻突然從口袋裡拿出了一包白色粉末狀的東西，他連忙向我解釋說：「雖然這是毒品，但是感覺不一樣的，它會令到你的身體十分放鬆，不如你也試一試吧？」

雖然我在別人眼中是個不良少女，但我的本質其實並沒有所想的那麼壞，毒品我更從未接觸過，而且毒品會上癮、損害身體機能這點常識我還是有的。

此刻我腦海一片空白，他已經熟手地把粉末均勻地剕為四份，就只等我首肯。

我疑惑了。

也許感覺應該不會太差吧？既然不會上癮的，那試試也無妨呀？如果我拒絕，他會不會沒那麼愛我了？

也許是害怕失去他，怕失去繼續攀附他的資格，也怕他覺得我膽小怕事，怕他會因為我的拒絕而將我當成小女孩般看待。

或多或少，也出於好奇心。

在各種的理由和藉口下，我人生第一次服食了毒品。

自那次以後，吸毒已成為他每晚回家後的日程，縱使當時並沒有上癮的症狀，但每晚總是會配合著他，一起沉醉於剎那間的歡愉，和性愛。

有一次在吸食毒品後，他不知哪裡來的興致，從廚房拿出了一個小茄子，把它硬生生塞進了我的陰道裡。由於這個茄子體積並不算太大，最後竟整條被吞沒到我的陰道裡。

我立即慌了，因為陰道裡太濕潤的關係，用手指根本不能將它夾出來。最後需要去急症室把它拿出……我永遠不會忘記當時醫生看我的表情。

經過今次之後，事情不但沒有好轉，反而更變本加厲了。

他開始要求我同一時間服食幾種毒品，而我對他的所有要求通通照單全收、從不拒絕，全心全意地成了他的724性奴隸。

一星期七天、一天24小時的目標就是滿足他一切性需要。生活的重心只有他，服侍和討好，就如我與生俱來的使命。

但是有一天，我發現我懷孕了。

這突如其來的消息，令我感到不知所措。擔心家人的責罵，也擔心自己沒有能力照顧……但看來一切都是我多想，因為第二天他立即帶我到醫院把胎兒給打掉了。

自墮胎以後，我整天以淚洗面，我想不通為什麼所有事情都失去了控制，不想承認自己便是罪魁禍首。我傷害了自己的

骨肉，傷害了愛我的人，這些無時無刻都深深地刺痛著我的心靈。

我變得更墮落了，整天不吃不喝只顧沉淪在毒海之中，只有在這一刹我才可以忘記一切，忘記自己的所作所爲。

我變本加厲地吸食著毒品，直至那天——

我overdose了。

看到自己正口吐白沫，縱使意識尚是清醒，但身體已完全不受控制、不由自主地抽搐著。我想對站在床邊的他求救，但卻一點聲音也發不出來，口中不斷地湧出白沫。

然後，他脫下了我的褲子。

我的心瞬間涼了一截。在我瀕死的一刻，他想著的，還是只有性。

那刻，我祈求天父讓我就此死去。

聽她說到這裡，我打斷了她。

我再也壓抑不住憤怒，咬牙切齒地說：「為什麼這個世上竟會有這種人？他還配得上稱為人嗎？」

她淡然一笑：「都是過去的事了，沒必要還時刻放在心，我不也是這樣走過來了？」

「在那之後，發生什麼事了？」我撓起雙手，仍為她的遭遇感到深深不忿。

「再有意識時，我已在醫院洗了胃，我的家人接到醫院的通知立即趕了過來。」她神色黯然，續道，「最後我向家人交代了大部分的事，但始終有些事情⋯⋯就讓它成為過去吧。」她苦笑。

出院以後，她決絕地告別從前的一切，獨自去了美國發展。沒多久便結識了現任，亦很快去到談婚論嫁的地步。直至到三年前才決定回香港定居，然後便誕下了兩個精靈活潑的小孩。

究竟人性本善，還是人性本惡？

我只相信——

若然未報，時辰未到。

「420」的起源與爭議

「420」——大麻的代名詞。

為什麼叫「420」？在資料搜集的過程中發現，各方對它的起源描述各有不同。而當中可信性較高的說法，便要追溯至1971年——

位於美國加州聖拉菲爾一班由大麻愛好者所組成的團體「The Waldos」舉辦了一個「大麻狩獵」的活動，成群結隊去不同地方搜刮大麻生長的據點，他們相約4時20分在學校附近集合，久而久之「420」便成為他們的行動代號。雖然在幾次的嘗試後行動也宣告失敗，但「420」已成為彼此相約吸食大麻的代號。

直至到今天，「420」這個代名詞已被廣泛流傳至世界各地。而4月20日的這一天，更成為了「國際大麻日」，在大麻已被宣布合法化的國家中，一群大麻愛好者會相約在這天的4時20分舉辦戶外派對，一起「420」狂歡。

吸食大麻一直是個備受爭議的話題，但隨著時間推移，已經陸續有更多國家將大麻合法化，不限制吸食量的國家和地區就有幾個，如：加拿大、烏拉圭、南非和美國的部分州份。但目前以香港來說，吸食大麻仍屬犯法，根據香港法例第134

章——《危險藥物條例》，從香港出入口、販運、製造或以任何方式持有危險藥物都屬於刑事罪行，一經定罪最高可被判罰款500萬元以及終身監禁。

期望香港有天可大麻合法化？

我個人認為香港會將大麻合法化的可能性不大，坦白說機率近乎零，對於一個連同性婚姻都不能夠接受的地方來說，大麻合法化的一天似乎更加遙遙無期。

而眾所週知大麻可作醫療用途，如治療癌症、抑鬱症等等，而且還可以增強身體免疫能力，但若然真的這麼好處多多，為什麼它仍被視為「毒品」？其實同樣地有研究報告指出，長期吸食大麻有機會導致支氣管炎等呼吸道疾病，誘發精神病和影響記憶力等等，也經專家評估過後，非醫療性質的吸食習慣所衍生出的後遺症遠遠超出它所能帶來的益處，所以這也是為什麼大麻一直不能夠合法化的其中原因。

而且亞洲人的傳統文化一直比西方較為保守，對娛樂用大麻始終抱著懷疑態度，它的上癮可能性便是當中一個很大的爭議點。有專家就曾指出大麻令人上癮的症狀比菸酒更輕，若說上癮也比較似是心理上的「心癮」；但也有觀點指出，雖然大麻的成癮性比煙菸和酒精低，對身體的的損害也遠比冰毒、可卡因少，但一些人會認為大麻是引領至其他毒品的「入門版」，若冒然地將大麻合法化，恐怕會連同其他毒品的門檻也一同降低。

　　同時也帶出了一個發人深省的問題，若影響健康是導致大麻不合法的主要因素，菸無論是對身體的傷害性、易上癮程度都比大麻更多，但為什麼卻可以在世界上通行無阻？

　　當中是涉及利益關係？還是更大的陰謀論？

　　這就不得而知了。

假裝高潮

研究指出，每10個女生便有7個曾經假裝過高潮，一段關係需要雙方都能達到高潮才能稱得上是完美性愛嗎？

究竟假裝高潮的出發點是什麼？是出於想儘快停止？抑或是為了討好對方？

事實上，高於75%以上的女士都不能從性愛過程中得到性高潮！原本女士要達到高潮所需的時間就比男士長，在還未高潮對方便已經射精的情況亦是十分的普遍。你能想像到在完事後，對方還一臉雀躍地問你：「高潮了嗎？」誰還忍心告訴他事實的真相呢⋯⋯

假裝高潮的背後原因也無非是想顧全對方顏面，不想傷及對方自尊，其實也可算是個甜蜜且充滿善意的謊言。

「與男朋友相戀的五年時間裡，我從來都沒有得到過高潮，有時更會在完事後偷偷到洗手間滿足自己⋯⋯」一位女客人曾經和我分享她的「戲子生涯」，從來未試過在性交時得到真正高潮的她，每次都會在男友射精之際才「給點力」假裝著同步高潮，從而使對方獲得更大的滿足感。

「自慰只需不到五分鐘的時間便足以令我高潮，偏偏那半小時的性交我卻一點也興奮不起來！」她一臉懊惱地說。

　　她亦坦然承認與男友間的性愛早已變成例行公事，沒有什麼前戲可言，在簡單的親吻、幾下的愛撫過後，便開始重重複複的抽插……

　　其實不要說是高潮，這種情況下還能保持著濕潤已算得上是個奇蹟！

　　「每次在他射精前我也會『交足戲』，特別大聲地呻吟、再加上幾下『打尿震式』的顫抖便能成功蒙混過關……完事後還會問我他的表現如何，又會問我『享不享受』和『舒服嗎』這類型的問題……看見他一臉雀躍，誰又會忍心告訴他真相呢？」

　　雖然也真是有口難言，但假裝高潮只會令對方一直不知道問題所在，那麼永遠也會是個循環呀！

　　縱使不應視性高潮為最終目標，但同時也不應該刻意忽視自己的性需要，若然只顧一味盲目討好對方，除了會使對方繼

續安於現狀、不求進步以外，自己也會逐漸萌生一種「為做而做」的感覺。這不但是一種折磨，長久下去更有機會影響到雙方的關係。

畢竟，沒有人會願意一直單方面地付出。預期不斷追問對方「舒不舒服」、「有沒有高潮」這類問題，倒不如先在前戲方面下一點功夫吧！試想想在沒有任何前戲的情況下進入，對方沒有乾得如同「沙漠」便已經是萬幸了！

而且可以嘗試每隔一段時間便轉換一下體位，也不失是個一同探索的好方法，經典的傳教士體位比較難接觸得到女士G點位置，反而女上男下、狗仔式的姿勢會更容易令女士產生快感，甚至激發陰道高潮，偶爾轉換一下模式與體位也能為彼此帶來更多新鮮感！

女士亦可以嘗試在性交過程中用手按摩陰蒂位置，C點相比起陰道內的G點更容易達至高潮。因為絕對沒人比你更加熟悉自己的身體，這個舉動也有助帶領伴侶探索你的敏感點！

總括而言，能夠高潮與否亦只是其次，一段健康的關係不應以此作為成功的指標，雙方的結合過程，才是當中最彌足珍貴的。

孩童期的自慰問題

「我發現我的小女兒開始有自慰行為，應該採取什麼方式制止？」

「自慰是很正常的行為呀，為什麼要制止？」

「自慰本身沒有問題，但問題是她只有四歲……」

她是一名已育有一子一女的媽媽，哥哥現在就讀初中，而妹妹今年只得四歲，還是剛剛才過了牙牙學語的階段。最近她發現只得四歲的小女兒會在洗澡時用手撫摸下體，身為父母當然馬上阻攔，並嚴厲斥責她說：「女孩子不可以這樣觸碰自己的身體」，「這個行為是錯的」。再三警告之後，小女兒便再沒有在洗澡時撫摸自己的身體。

但就在一個月後，她竟發現女兒改用玩具來磨蹭著自己的下體，她看見後馬上喝止，當時的她是這樣對女兒說：

「你知道這樣是不對的嗎？」

「這是很骯髒的知道嗎？不許再碰！」

而女兒也再一次向她許下承諾，確保不會再做同樣的行為。但事隔才不到一星期，同樣的情況又再次出現，只是女兒這次「學精」了。為了不被他們發現，她在睡覺時用被子抱成

一團夾在雙腳之間，然後不斷地扭動著下體，甚至還弄得滿頭大汗。作為母親的她這次真的是束手無策了，不知道怎樣才可制止女兒的自慰行為和對她作出適當的教育。

「不知道她是從哪裡學到這種行為，四歲已經這樣，不知道她長大了會如何……」她一臉擔心地說。

其實，有時是我們把這種行為給放大了。正處於幼年時期的自慰行為其實是他們探索身體的一種，與青少年時期的自慰實際上是有所不同的。

有研究指出當胎兒還在母親腹中時便已經會出現這種行為，在0-3歲的幼年時期出現的假性自慰，醫學稱之為「嬰兒期的自我滿足」；而去到兒童期（4-9歲）所出現的自慰行為，醫學則稱之為「兒童早期的假性自慰」。一般在這段時期出現的「假性自慰」實際上與性需求沒有掛勾，因為這是他們在對身體的探索期間，發現一些動作或觸摸某些部位會令他們有愉悅感、舒服的感覺時，便有可能持續地出現這些行為，這也屬一個正常的成長過程。

所以當發現孩子有類似自慰的行為時，家長應該及時灌輸正確的性觀念，令到孩童知道自己的行為是在做什麼？為什麼不能公開進行？不允許進行的原因又是什麼？而不是一味的嚴厲呵責、懲罰或威脅他們，或是含糊其詞地用「總之是不對的」這些句子輕輕帶過，這樣只會令他們誤以為只要不被父母發現便可，下次只會選擇在更隱蔽的環境下去進行，但這樣不但無法令他們汲取到正

確的性觀念，更會直接影響他們在青少年時期對性的想法及行為。

而且即使是你覺得小孩仍然是「不懂事」的情況下，也要避免在孩子面前發生性行為，這樣非但有機會導致到孩童產生模仿行為、有樣學樣地覺得這是一件恰當、可以公開進行的事，還會在無形之中影響到他們的心智發展。曾經便出現過一些真實事例，因為在孩童時期親眼目睹父母進行性行為，而當時也未被灌輸正確的性觀念，導致他們誤以為父母是在進行「暴力行為」，使他們長大後對性亦產生了莫大的恐懼。

總括而言，要孩子們潔身自愛、保護自己身體，首先要令他們瞭解到「性」是怎麼回事。

若然作為父母都選擇避而不談，那只好祈求在孩子的自我探索過程中，不會發現時已鑄成大錯了。

性教育

　　「我唔識拍拖」可能聽得多，但「我唔識搞嘢」你又聽過嗎？

　　第一次聽見時，我是很愕然的。

　　性愛不是人類最原始的本能嗎？

　　一位年約三十多歲的中年男士來到店裡，當時因假期關係，一早已擠滿了客人。而這位男士進來後便鬼祟地四處張望，眼神帶點閃縮，似是在懼怕著什麼。

　　直至其他客人陸續散去後，他才尷尬地說：「打擾了，有個問題想請教你……」

　　他四處張望，確保沒其他人在場後，才向我娓娓道來：「我和太太已結婚兩年，最近因為家人的催促，才決定想要生寶寶，但有個難題一直解決不了……」

　　他一臉窘迫地說：「我們找不到陰道的位置。」

　　我愣住了，什麼叫「找不到陰道的位置」？

　　他隨後解釋道：「我見到有兩個洞口，但一個是去小便的，而另一個則是用來排便的，所以到底陰道口是在哪裡？」

　　對的別懷疑，這絕對是真人真事，真實存在的對話，雖然我也曾經有同樣的疑問，但那時我還是個小學生。

　　我馬上從網上搜來了女性生殖器官結構圖，逐一向他解釋著，在有限時間內替他上了個「簡易速成班」，雖然也未能講解得100%詳盡，但還是「盡人事」幫到幾多便幫吧。

　　原來他一直錯把陰道當成了「尿道」，卻不知道在陰蒂以下、陰道口之上，中間還暗藏著排尿的小孔……

　　「其實這個問題困擾了我們很久，當初在別無選擇之下，我有試圖插進這個『尿道』裡，但我太太只感受到劇烈痛楚……所以我一直以為是插錯了地方！」這令我不禁慨嘆著香港的性教育究竟是出了什麼問題。

　　我不解地問：「插進去之前有前戲嗎？有確保陰道……即是原本以為的『尿道』有產生出分泌嗎？」

　　這一下他似乎比我更愕然，問道：「我不知道，正常是會有分泌？即是尿液嗎？」貧乏的性知識是導致他們不能正常性交的主要原因。

「但你太太同樣不清楚身體的結構嗎？你和她在一起以前從沒有任何的性經驗？怎麼可能完全一點概念也沒有？」就算礙於男女性徵各有不同而產生了誤解，但同為女性應該會更瞭解自己的身體吧？

「我和她同是彼此的初戀對象，雖然我們自中學時期開始便確立了關係，但基於宗教信仰問題，我們雙方也堅持不會打破婚前性行為的戒條，所以從來沒有考慮到這方面的事情。」

「那你自身完全沒有性慾嗎？應該有嘗試過自瀆過吧？」我再追問。

他支吾以對：「其實⋯⋯有是有，但手和真實性交實在相差太遠了⋯⋯」

但總不會是完全零概念的吧？！我誓要「打爛沙盤問到篤」，繼續問道：「但你總有看過AV吧？看到男女主角的性愛場面，總會對實踐上有幫助呀！」

「我在結婚前從來沒有看過任何色情影片，因為這被認為是不潔和違反常理的⋯⋯」停頓了一下，他接著說，「婚後有嘗試和太太一同觀看過，但結果就正如我所說的，我們都找不到插入點。」

我實在難以想像這個情況會發生在今時今日的社會當中。

我曾經接觸過許多不同性癖的人，但都不及這次所帶來的衝擊如此大。這令我不禁反思，是否現今社會仍是對性這個話

題充滿忌諱？我們從小接受的教育就令我們潛移默化地認為性是一個羞於啟齒，而且不能高談闊論的話題。

連我的記憶當中，小時候課堂上所學到的性知識，來來去去都是圍繞著月經、夢遺、如何正確配戴安全套、精子如何與卵子結合變成受精卵以及胚胎的形成等等。但對於過程當中的細節以及如何去享受卻隻字不提。

「什麼是前戲？」

「如何令雙方都進入狀況？」

「如何令雙方在過程中得到享受？」

這些問題如禁忌，彷彿一提起就只會與淫穢色情、低俗不雅掛上邊，究竟是否普遍人將性話題的界線都定得太高？

若然看到這裡你覺得這位男士只是個特殊例子，建議大家不妨試試在Google搜尋一下與性愛相關的疑難雜症，便可以看到許多「可笑」的問題，如：

「口交會導致懷孕嗎？」

「內射後沖洗陰道可以避孕？」

「手指能夠令女友懷孕？」

這些都是可於網上搜尋得到的真實帖子，即使避孕與安全措施的問題一直是性教育主要提倡的重點之一，但以上問題便足以清楚反映到現今社會性教育的成功與否，其他的我就不作過多評論了。

　　性愛使我們能夠誕生於這個世界上，
可笑是它卻成為了我們口中的禁忌。

《性癮回憶錄》序

在最終章，以一個性癮者的故事作為這個系列的終結，同時亦是另一系列故事的開端。

我首次接觸性事，是在八歲的時候。

在這個年齡我本應是個天真爛漫、純真無邪的小孩子，可是自從這一連串的事情發生後，我的童年已完全變了調。在我腦海中時刻也充斥著各種不同的性幻想，幻想的對象甚至乎還包括我的老師、同學以及朋友，每個與我接觸的人也能間接地成為我的幻想對象。

事情的開端便要從我八歲那年開始說起——

當時的社會文化與我們現在所身處的環境截然不同，那時候甚至還未有智能手機，也沒有通街的低頭族，但人與人之間的關係卻顯得如此的緊密。活在那個年代的小孩在下課後的空餘時間便會成群結隊地到附近公園遊玩，或上山「探險」。

那時我有一班好朋友，雖然各自就讀於不同的學校，但仍

然無阻我們四個女生在課餘時間相約見面。我們同住在同一屋邨，在附近更有個「秘密基地」，是位於大型遊樂場裡面的隱蔽小涼亭。但由於其位置十分接近山腳部位，附近只有幾條僻靜的小徑而且人煙稀少，所以便成了我們的聚集地。

有一次我們在涼亭裡打發時間時，其中一名年紀稍大的女生提出要玩「探索」遊戲，我們幾個女生便圍起來各自把自己的私密部位露出、互相研究著彼此的性器，而提出遊戲的那個女生更伸手觸摸我的下體。但當時大家的行為都只是出於好奇，對性完全沒有基本的概念，事情也自然沒有再更進一步。

這次是我人生中第一次被外人觸碰我的身體，但當時的我不只沒感到抗拒，反而還挺享受當下那種被愛、親密的感覺，至此以後那刻的感覺已牢記在我心中。

在同一年的暑假期間，有段時間我經常去一位女同學的家中打遊戲機。但就在一次她去了洗手間時，房裡只剩下我和她的哥哥，坐在我旁邊的哥哥把手放到我的大腿上，然後逐漸移近下體，隔著內褲撫摸我的私處。

我頓然不知所措，即使十分害怕可是亦不敢聲張，繼續自顧自地定睛觀看著屏幕裝作沒事發生。直至幾分鐘後她上完廁所回到房間，他才馬上縮走放在我內褲上的手。

縱使在這次以後我再也不敢去那位女同學的家，但這件事已在我心裡埋下了種子靜待著發芽時機。

但是我將要說的這件事情，才是真正促使我踏上成魔之路的原因。

在我12歲那年，大我數年的朋友K邀請我去他家，在我到達時才知道除了K以外，他的好朋友T也在，於是我們三個人便躺在沙發上看電影。也許是太累的關係，電影還沒播到一半我已沉沉睡去，但在半夢半醒之間我感覺到一雙不規矩的手正在我的身體上遊走。然而懦弱的我一直不敢睜開雙眼，在那刻我才知道自己已經入局了，這間只有我們三個人的屋子絕對是呼天不應、叫地不聞。

隨著那錐心刺骨的痛過後，我含著淚睜開了雙眼，K的雙手還繼續在我的身體上遊走；而站在我前方的T，正緩緩拉開褲檔上的拉鍊……

異於常人的成長經歷，造就了我不尋常的一生。至那一刻起我的人生從此再也離不開性，我成為了性愛的奴隸，將用我的一生為自己骯髒的身體贖罪。

直至成長以後，我追求偷情所獲得的歡愉，通過勾引而得到快感。

性愛促成我人生的悲劇，因性而起也因性而落幕。如果人生可以重來，我盼望能夠有更不一樣的選擇。

或許在故事的最後你會發現，我訴說的同樣也是你的故事。

二鍋頭 著

90後女生

我在情趣用品店工作的
所見所聞

書名：	90後女生：我在情趣用品店工作的所見所聞
作者：	二鍋頭
編輯：	青森文化編輯組
封面設計：	小茶
內文設計：	4res
出版：	紅出版（青森文化）
	地址：香港灣仔道133號卓凌中心11樓
	出版計劃查詢電話：(852) 2540 7517
	電郵：editor@red-publish.com
	網址：http://www.red-publish.com
香港總經銷	聯合新零售（香港）有限公司
台灣總經銷：	貿騰發賣股份有限公司
	地址：新北市中和區立德街136號6樓
	(886) 2-8227-5988
	http://www.namode.com
出版日期：	2021年10月
圖書分類：	流行讀物／兩性關係
ISBN：	978-988-8743-34-6
定價：	港幣98元正／新台幣390元正